W0259318

WERKSTATTBÜCHER

FÜR BETRIEBSANGESTELLTE, KONSTRUKTEURE UND FACHARBEITER. HERAUSGEGEBEN VON DR.-ING. H. HAAKE, HAMBURG

Jedes Heft 50—70 Seiten stark, mit zahlreichen Abbildungen

Die Werkstattbücher behandeln das Gesamtgebiet der Werkstattstechnik in kurzen selbständigen Einzeldarstellungen: anerkannte Fachleute und tüchtige Praktiker bieten hier das Beste aus ihrem Arbeitsfeld, um ihre Fachgenossen schnell und gründlich in die Betriebspraxis einzuführen.

Die Werkstattbücher stehen wissenschaftlich und betriebstechnisch auf der Höhe, sind dabei aber im besten Sinne gemeinverständlich, so daß alle im Betrieb und auch im Büro Tätigen, vom vorwärtsstrebenden Facharbeiter bis zum leitenden Ingenieur, Nutzen aus ihnen ziehen können.

Indem die Sammlung so den Einzelnen zu fördern sucht, wird sie dem Betrieb als Ganzem nutzen und damit auch der deutschen technischen Arbeit im Wettbewerb der Völker.

Einteilung der bisher erschienenen Hefte nach Fachgebieten

I. Werkstoffe, Hilfsstoffe, Hilfsverfahren

II. Spangebende Formung

(Fortsetzung 3. Umschlagseite)

WERKSTATTBÜCHER

FÜR BETRIEBSANGESTELLTE, KONSTRUKTEURE UND FACH-
ARBEITER. HERAUSGEBER DR.-ING. H. HAAKE, HAMBURG

HEFT 25

Tiefziehtechnik

Formstanzen, Gummi-Pressen
Tiefziehen

Von

Dr.-Ing. Walter Sellin
St. Andreasberg

Vierte, verbesserte Auflage
(20. bis 25. Tausend)

Mit 134 Abbildungen

Springer-Verlag Berlin Heidelberg GmbH
1955

ISBN 978-3-642-53177-4 ISBN 978-3-642-53176-7 (eBook)
DOI 10.1007/978-3-642-53176-7

Inhaltsverzeichnis.

Vorwort zur vierten Auflage.

Seit dem Erscheinen der ersten Auflage[1] hat die Technik der spanlosen Formung von Blechen in einem früher kaum geahnten Maß an Bedeutung gewonnen. Dazu hat beigetragen das immer allgemeiner werdende Streben nach Leichtbau ohne Beeinträchtigung der Konstruktionsfestigkeit, vor allem aber die Entwicklung des Kraftfahrzeugbaus und des Flugzeugbaus in der ganzen Welt. Besonders für die Umkleidung und Ausstattung dieser Verkehrsmittel ermöglicht die spanlose Umformung die schnellste, sparsamste und deshalb wirtschaftlich günstigste Fertigung.

Die großen Aufgaben, die durch diese Entwicklung der spanlosen Formung gestellt worden sind, haben sowohl auf die Technik als auch auf das Schrifttum stark befruchtend gewirkt. Insbesondere letzteres hat einen starken Auftrieb erfahren, nachdem es der von der blechverarbeitenden Industrie geschaffenen „Forschungsgesellschaft Blechverarbeitung E. V.“, Düsseldorf, gelungen war, die Hochschulen für die Bearbeitung und Klärung der von der spanlosen Umformung aufgeworfenen grundsätzlichen Probleme zu gewinnen. Die damit erreichte Gemeinschaftsarbeit von Forschung und Betrieb hat sich in kürzester Zeit hervorragend bewährt und außerordentliche Erfolge gezeitigt.

Es war deshalb notwendig, die letzte Auflage vollständig zu überarbeiten und in wesentlichen Teilen neu zu gestalten, um die neuesten Ergebnisse der Entwicklung zu berücksichtigen. Dabei war, wie früher, die Beschränkung auf das Grundsätzliche und Wesentliche bestimmend.

I. Spanlose Blechformung.

A. Der Begriff „Ziehen“.

Beim „Ziehen“ handelt es sich um die Umformung ebener Scheiben in Hohlgefäße. Die Umformung ist bei metallischen Werkstoffen einfach, wenn die Scheiben, die umgeformt werden sollen, aus dickem Blech (Grobblech) ausgeschnitten sind. Sind die Scheiben aber aus dünnem Blech (Feinblech), dann wird die Umformung schwierig. Die auftretenden Schwierigkeiten zeigt ganz klar der Versuch, eine dünne Scheibe, z. B. eine Papierscheibe, in eine Öffnung, z. B. ein Trinkglas, zu drücken. Die Papierscheibe läßt sich nicht glatt an die Innenform des Trinkglases anlegen, sondern erhält Falten am äußeren Umfang.

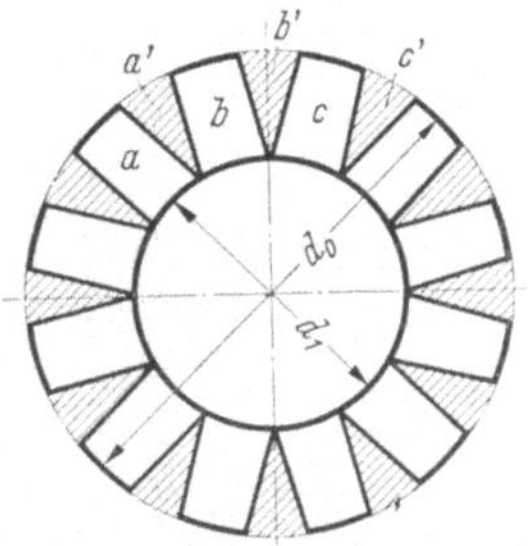

Abb. 1. Ziehscheibe, unterteilt in Abschnitte a, b, c..., die bei der Umformung in einen Hohlzylinder nur gebogen werden und Abschnitte a', b', c'..., die verdrängt werden müssen, also wandern.

Die Ursache der Faltenbildung erklärt Abb. 1: Um die Scheibe vom Durchmesser d_0 in ein Hohlgefäß vom Durchmesser d_1 umzuformen, würde es genügen, die Lappen a, b, c, . . . hoch zu stellen. Die Ausschnitte a', b', c', . . . sind für die Formung des Hohlgefäßes überflüssig, ja geradezu erschwerend. Sie müssen bei der Umformung weggedrückt werden und bilden Falten, wenn man nicht durch besondere Vorkehrungen deren Entstehung verhütet.

Der Kampf gegen die Faltenbildung ist die Hauptaufgabe der Ziehtechnik. Er ist nicht immer gleich schwer. Schon Abb. 1 lehrt, daß die Neigung zur Falten-

[1] Die ersten drei Auflagen sind unter dem Titel „Ziehtechnik“ 1926, 1936 und 1943 erschienen.

bildung um so größer sein muß, je größer die Ausschnitte a', b', c' ... sind, je mehr Werkstoff beiseite gedrückt werden muß, je größer also der Unterschied zwischen d_0 und d_1 ist.

B. Formstanzen, Tiefziehen.

1. Formstanzen. Ist der Unterschied von d_0 und d_1 (Abb. 1) sehr klein, dann ist auch die überschüssige Werkstoffmenge klein; die Umformung einer ebenen Scheibe in einen Napf kann dann mit einem einfachen Werkzeug nach Abb. 2 vorgenommen werden, das nur durch einen Stempel, den Ziehstempel 2, und einen Ring, den Ziehring oder die Ziehmatrize 1, gebildet wird.

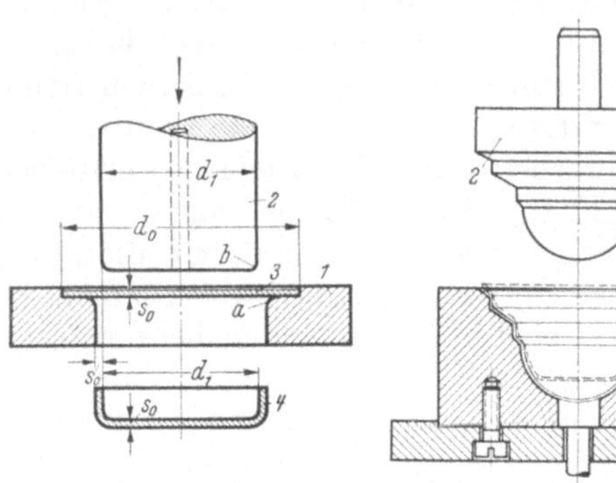

Abb. 2. Einfachstes Werkzeug zum Napfzug (durch Stanzen). *1* Ziehring, *2* Stempel, *3* Blechscheibe, *a* und *b* Ziehkanten.

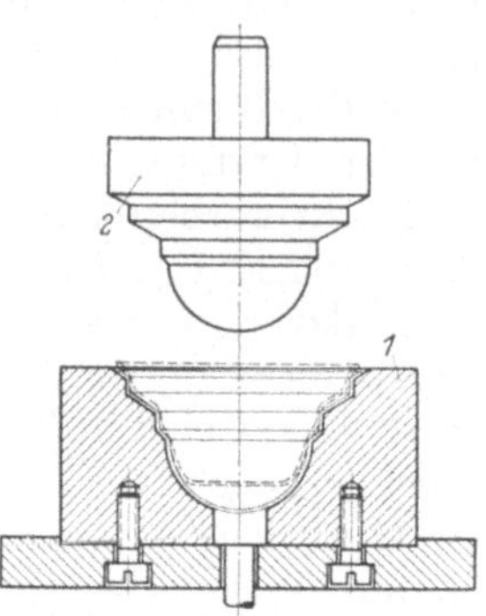

Abb. 3. Formschlag- oder Stanzwerkzeug (hier Fertigform).

Ist die Ziehmatrize geschlossen, Abb. 3, wird sie richtiger mit Stanzform bezeichnet und der Ziehstempel mit Stanzstempel, zumal die Teile meist keine einfache geometrische Form haben.

Mit dem Werkzeug der Abb. 2 wird das Hohlgefäß dadurch gebildet, daß die zu formende Blechscheibe (3) zwischen Ziehdorn und Ziehring gelegt, der Ziehdorn (2) gegen den Ziehring (1) bewegt und so die Scheibe mit dem Durchmesser d_0 durch den Ziehring mit dem Durchmesser d gestoßen wird. Dieser Vorgang ist für Grobblech von ausreichender Blechdicke ohne Schwierigkeit durchzuführen, wobei zweckmäßig Ziehringe nach Abb. 2 verwendet werden. Sollen aber Hohlgefäße aus Feinblech gefertigt werden, so ist die Umformung ohne besondere Vorkehrungen nur möglich, solange d_0 nicht wesentlich größer ist als d_1, oder solange die Blechdicke $s_0 \geq 0{,}2\ (d_0 - d_1)$ ist. Ist der Unterschied $d_0/d_1 > 21/20$, oder $s_0 < 0{,}2\ (d_0 - d_1)$, dann ist der einfache Ziehvorgang „Stanzen" nicht mehr möglich und es werden besondere Vorkehrungen zur Faltenverhütung notwendig.

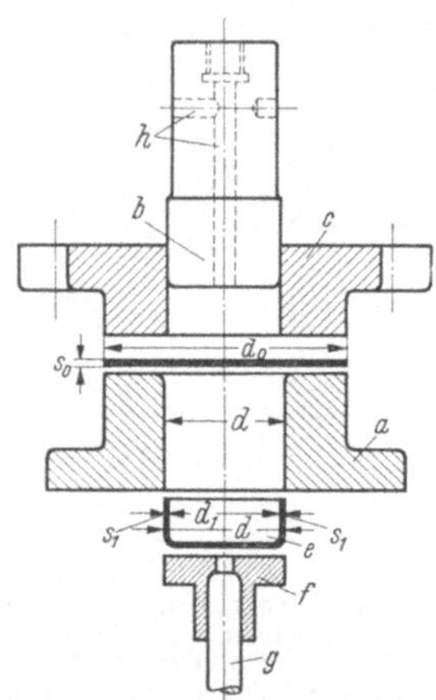

Abb. 4. Ziehwerkzeug mit Niederhalter für doppeltwirkende (mechanische) Ziehpresse.
a Ziehring, *b* Stempel, *c* Niederhalter, *d* Bohrung des Ziehrings, d_0 Durchmesser der Scheibe, d_1 des Ziehstößels u. des Hohlkörpers, *e* geformter Napf, *f* Ausstoßer, *g* Ausstoßerstange, *h* Luftloch, s_0 Blechdicke vor, s nach dem Ziehen.

2. Tiefziehen. Die Falten werden am einfachsten im Entstehen verhütet, was man dadurch erreicht, daß man dem zu formenden Blechrand von der Breite $(d_0 - d)$ die freie Bewegung nimmt und ihn während der Umformung führt. Zu diesem Zweck wird im Abstand s_0, der Blechdicke, vom Ziehring ein zweiter Ring angeordnet (Abb. 4), der zusammen mit dem Ziehring das Blech während der Umformung führt. Da dieser Ring die Falten verhütet, wird er Faltenhalter oder Niederhalter genannt.

Wird nun die Blechscheibe durch den Ziehring gestoßen, so kann der überflüssige Werkstoff nicht mehr rechtwinklig zur Blechfläche ausweichen (ausknicken) und Falten bilden, sondern wird gezwungen, in radialer Richtung zu wandern. Diese Werkstoffwanderung, Fließen genannt, ist mit jedem Tiefziehvorgang verbunden.

Grundsätzlich kann der Niederhalter starr mit dem Ziehring verbunden sein, da er nur verhüten muß, daß während des ganzen Ziehvorgangs eine Verdickung des Blechs möglich ist. Diese Anordnung vereinfacht zwar den Bau des Werkzeugs, erschwert aber die Zuführung der Blechscheiben. Aus diesem Grund wird der Niederhalter meist beweglich angeordnet. Der Ziehvorgang ist damit nach dem Auflegen der Ziehscheibe auf den Ziehring folgender (Abb. 5 A · · · C und 6):

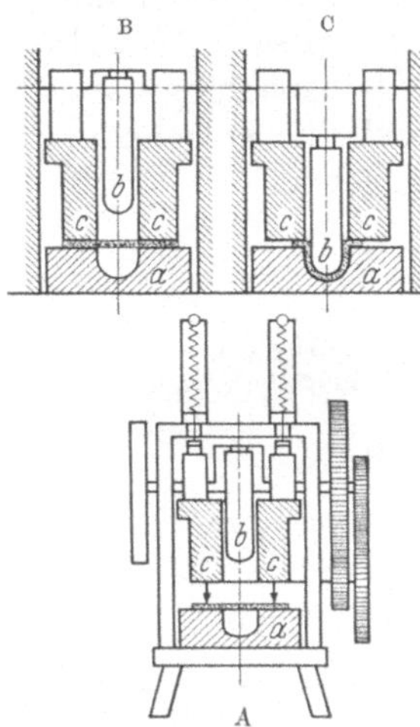

Abb. 5. Schematische Darstellung der Niederhalterbewegung einer doppeltwirkenden (mechanischen) Ziehpresse mit Federn zum Massenausgleich des Niederhalterstößels. *A* Ziehscheibe ist aufgelegt, Maschine in Einrückstellung. *B* Niederhalterstößel ist niedergegangen in Arbeitsstellung. *C* Ziehdorn ist nachgefolgt, in tiefster Stellung. *a* Matrize (Ziehring), *b* Ziehstempel oder Ziehstößel, *c* Niederhalter oder Blechhalter oder Faltenhalter.

1. der Niederhalter setzt sich auf die Scheibe (Abb. 5 B),
2. der Ziehdorn geht tief und stößt die Scheibe durch den Ring (Abb. 5 C),
3. der Ziehdorn geht hoch, streift das erzeugte Hohlgefäß ab und erreicht seine oberste Stellung,
4. der Niederhalter geht zurück.

Zur Erleichterung der Zieharbeit sind besondere Arbeitsmaschinen entwickelt. Sie erreichen die für den Ziehvorgang notwendigen Bewegungen auf verschiedene Weise und werden dadurch gekennzeichnet.

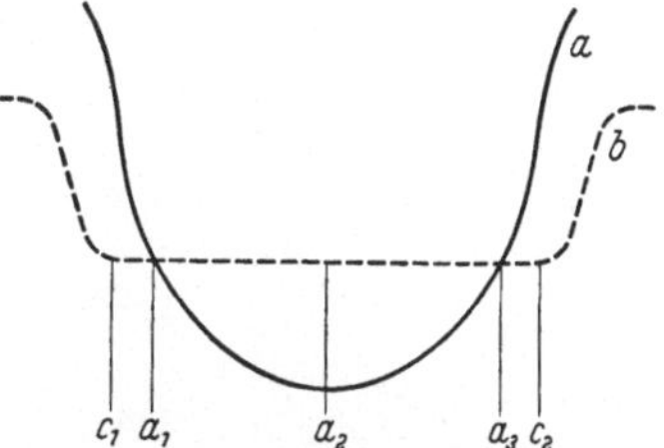

Abb. 6. Zeitwegschaubild (schematisch). *a* des Ziehstößels, *b* des Niederhalters für doppeltwirkende (mechanische) Ziehpresse. c_1—a_1 Voreilung des Niederhalters; c_1—c_2 Niederhaltung; a_1—a_2 Zieharbeit. (Tatsächlicher Verlauf Abb. 110.)

II. Ziehpressen und Ziehwerkzeuge.

A. Ziehpressen.

3. Einfache Pressen ohne Niederhalter. Bei den einfachen Pressen wird nur ein Stößel mechanisch bewegt. Sie eignen sich daher besonders zu Arbeiten, die ohne Niederhalter ausgeführt werden können, also zu Stanzarbeiten aller Art, bei denen kein Werkstofffluß erzwungen werden muß. Zu den einfachen Pressen gehören Fallhämmer, Kniehebel-Prägepressen, Reibspindelpressen, Exzenterpressen, Kurbelpressen, Spindelpressen, Zahnstangenpressen und hydraulische Ziehpressen.

Sind starke Formdrücke erforderlich, so wird man aus der Gruppe der einfachen Pressen die Fallhämmer oder Reibspindelpressen aussuchen, die die Bewegungsenergie des Bärs in Formänderungsarbeit umwandeln, oder aber Kniehebelprägepressen, die zwar nur einen verhältnismäßig begrenzten Hub zulassen, aber einen äußerst kräftigen satten Enddruck ausüben.

Fallhämmer nach Abb. 7, mit Bärgewichten bis 1500 kg und einer Niedergangszahl bis 120 i. d. M., eignen sich insbesondere für die Ausbildung großer Blechteile von bis 4 m² Fläche mit unebenem, geformtem Boden und geringer Formtiefe, wie sie im Karosserie- und im Flugzeugbau vorkommen, bei einer Serienhöhe von 1500 bis 5000 Stück. Abb. 8 zeigt einige Musterstücke, die mit einem Fallhammer gefertigt worden sind [*12*, *18*] [1].

Da die Hämmer ohne Blech-Niederhalter arbeiten, ist bei der Ausbildung der gezeigten und beschriebenen Formen Faltenbildung nicht zu vermeiden. Wenn sie

[1] Die Zahlen in eckiger Klammer verweisen auf das Schrifttum am Ende des Buches.

nicht zugelassen werden kann, schlägt man so lange nach, bis die Falten eingeebnet, also beseitigt sind.

Bei leichteren Formdrücken wird Exzenterpressen oder Kurbelpressen der Vorzug gegeben, je nach Größe des erforderlichen Hubes. Exzenterpressen (Abb. 15, 24) und Kurbelpressen arbeiten rascher als Hämmer und Reibspindelpressen; der tiefste Punkt des Stößels ist aber nicht wie bei diesen durch die Formänderungsarbeit bedingt, sondern durch die Einstellung der Presse gegeben.

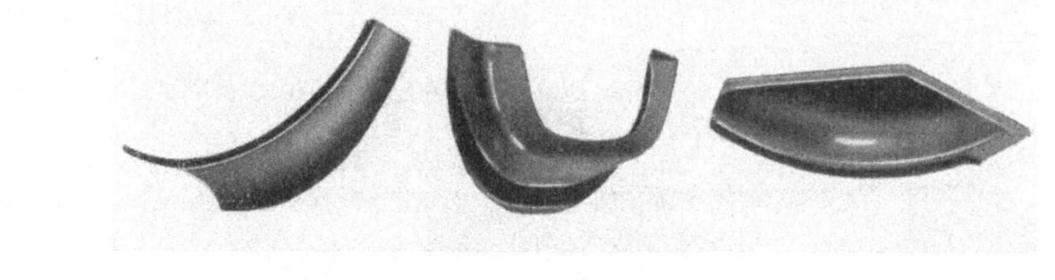

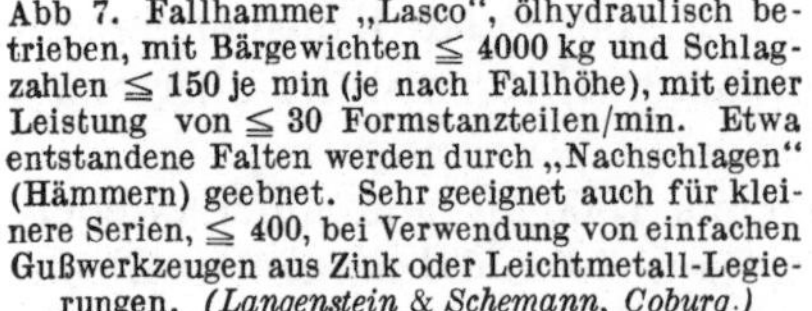

Abb 7. Fallhammer „Lasco", ölhydraulisch betrieben, mit Bärgewichten $\leqq$ 4000 kg und Schlagzahlen $\leqq$ 150 je min (je nach Fallhöhe), mit einer Leistung von $\leqq$ 30 Formstanzteilen/min. Etwa entstandene Falten werden durch „Nachschlagen" (Hämmern) geebnet. Sehr geeignet auch für kleinere Serien, $\leqq$ 400, bei Verwendung von einfachen Gußwerkzeugen aus Zink oder Leichtmetall-Legierungen. *(Langenstein & Schemann, Coburg.)*

Abb. 8. Formstanzteile, mit dem Lasco-Hammer (Abb. 7) erstellt, nur mit Formstempel und Gesenk (Positiv und Negativ).

Ohne Niederhalter können außer den eigentlichen Stanzarbeiten auch Tiefzüge bei geringer Durchmesseränderung oder Streckzüge ausgeführt werden, d. h. Züge, die nur zur Verlängerung von Hohlgefäßen durch Verringerung der Wanddicke dienen.

Sind die Gefäße nicht zu tief, dann genügen im allgemeinen Kurbelpressen, vorteilhaft mit gleichbleibender Stößelgeschwindigkeit. Sind die Gefäße aber sehr tief, dann wird man Spindelpressen, Zahnstangenziehpressen oder auch hydraulischen Ziehpressen den Vorzug geben. Bei Kurbelpressen und Räderziehpressen wird die Beanspruchung der Pressenkörper und der Kurbelwellen mit zunehmender Ziehtiefe immer ungünstiger, die genaue Stößelführung immer mehr in Frage gestellt. Diesen Nachteil sucht man dadurch zu beheben, daß man den Ziehdorn ausschwenkbar macht (Abb. 9); oder man sucht ihn, und zwar ohne Nachteil für die Arbeitsgeschwindigkeit, also besser, durch den Bau von Zahnstangenziehpressen zu umgehen, da die Zahnstangenübersetzung den Ziehdruck in die Achse des Ziehstößels legt und so die Stößelführung schont. Die Zahnstangenziehpresse (Abb. 10) ist mit dem umkehrbaren Antriebsmotor unmittelbar gekuppelt; die Bewegung des Ziehstößels wird elektrisch auf Vorlauf und Rücklauf gesteuert; sie verläuft mit hoher, aber gleichförmiger Geschwindigkeit. Diese Eigenschaft macht sie den Räderziehpressen und ihre hohe Arbeitsgeschwindigkeit den Spindelpressen überlegen.

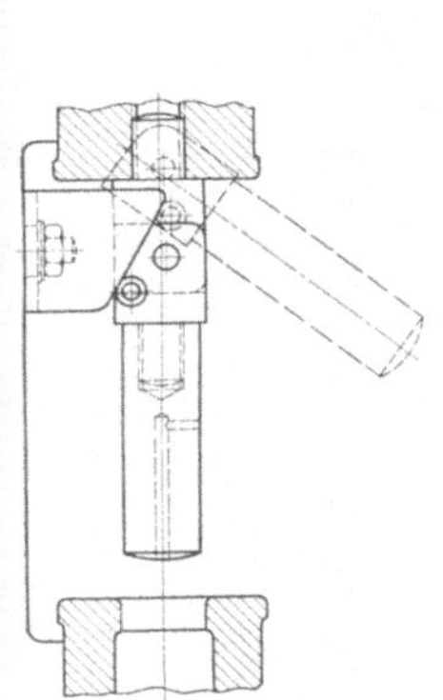

Abb. 9. Ausschwenkbar angebauter Ziehdorn zur Erhöhung der Ziehtiefe bei bestimmtem Stößelweg für Züge ohne Niederhalter, besonders Streckzüge.

Abb. 10. Einfachwirkende waagerechte Ziehpresse mit Stößelantrieb durch Umkehrmotor mit Zahnradvorgelege und Zahnstange. Besonders für lange Züge (Streckzüge) ohne Niederhalter. (*Masch.-Fabrik Weingarten A. G., Weingarten/Württ.*)[1].

Neben den mechanischen Pressen gewinnen die *hydraulischen Pressen*, Abb. 11, immer mehr an Bedeutung. Während sie sich in früheren Jahren fast ausschließlich auf die Formung großer Blechflächen und die Ausübung großer Drücke beschränkt hatten, dringen sie in den letzten Jahren immer stärker auch in den Bereich der mittleren und kleineren Pressen ein. Ohne Zweifel können hydraulische Pressen eine Reihe von Vorzügen für sich beanspruchen, die ihnen der hydraulische Antrieb gegenüber dem rein mechanischen verschafft, Tabelle 8, S. 68. Für hydraulische Antriebe der einfachsten Art werden Zahnradpumpen verwendet. Diesen gegenüber sind axial oder radial arbeitende Hochdruckpumpen mit einer Vielzahl von Kolben überlegen, Abb. 12. Sie, die eine hohe Förderleistung bei hohem Druck (bis 220 atü) erreichen lassen, sind die geeigneten Pumpen für den Einzelantrieb hydraulischer Pressen; sie können zur Steigerung der Förderleistung ohne Nachteil für die Arbeitsweise in Gruppen von 2, 3 oder 4 parallel geschaltet werden und sichern dann eine ausreichende Arbeitsgeschwindigkeit auch bei Kräften bis zu 1000 t.

[1] Die Firmennamen werden nur das erste Mal ausführlich, bei Wiederholungen gekürzt angegeben.

Reicht die Gruppenschaltung der Pumpen für eine geforderte Förderleistung nicht mehr aus, oder soll eine Gruppe von hydraulischen Pressen mit der nötigen Druckflüssigkeit gespeist werden, wird zwischen die Pumpen und die Pressen eine unter hohem Druck stehende Speicheranlage gelegt, Abb. 13, die so bemessen werden kann, daß sie selbst die größten Mengen von Preßflüssigkeit schnell abgeben kann. Die Speicher- oder Akkumulator-Anlage hat dem Einzelantrieb gegenüber den Vorteil, daß die Pumpen besser ausgenützt werden, weil sie unabhängig von den Pressen arbeiten, so daß für ihre Arbeit mehr Zeit zur Verfügung steht und die Gesamtpumpenleistung für eine Gruppe von Pressen niedriger bemessen werden kann. Das wirkt sich günstig auf den Verbrauch elektrischer Energie, insbesondere auf die Stromspitze, aus. Mit Speicheranlagen sind auch bei größten hydraulischen Pressen hohe Arbeitsleistungen erreichbar. Zur Speicherfüllung können mehrstufige Kolbenpumpen verwendet werden, die im Aufbau einfacher und unempfindlicher sind als die für den Einzelantrieb von Pressen bestimmten Hochdruckpumpen.

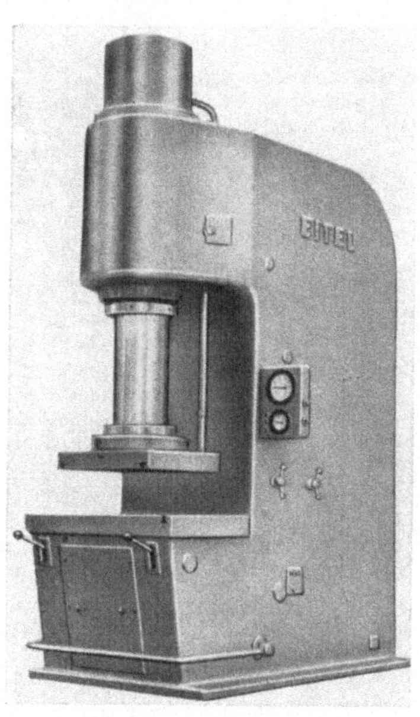

Abb. 11. Einfachwirkende, hydraulische Ziehpresse, Stößel gegen Verdrehung gesichert. *(Eitel K. G., Düsseldorf.)*

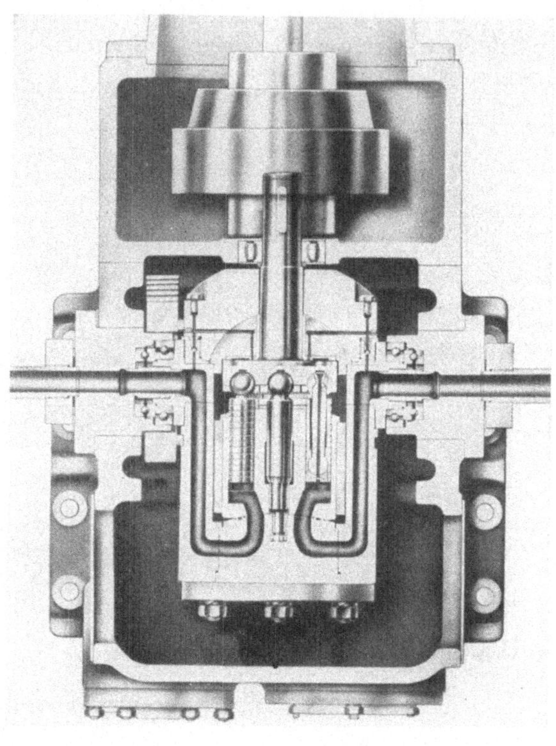

Abb. 12. Hochdruckpumpe in axialer Anordnung zum Einzelantrieb hydraulischer Ziehpressen. Schrägstellen des Pumpenkörpers verändert die Fördermenge von 0 bis max. Der Öldruck, 220 at max, wird durch federbelastete, verstellbare Ventile kontrolliert. *(Meer A. B., M. Gladbach.)*

Die hydraulischen Pressen bieten eine Reihe von *Vorteilen*, wie z. B.: Sicherheit gegen Überlastung; einfache Betätigung; Anhalten und Umkehr der Bewegung des Stößels in jeder Stellung; leicht mögliche Einrichtung einer Programmsteuerung; stufenlose Verstellbarkeit von Stößelgeschwindigkeit und Druck; selbsttätige Verringerung der Geschwindigkeit bei größerem Widerstand; einfache Druckanzeige durch Manometer; Eignung für lange Hübe und Streckzüge; Verwendbarkeit auch für das Verformen anderer Werkstoffe wie z. B. Gummi und Kunststoffe.

Auch in der Arbeitsweise bieten sie Vorteile: Vereinfachtes Einrichten; Ausgleich der Bauhöhe des Werkzeuges durch den Stößelweg; gleichmäßiger, satter und anhaltender Enddruck (wichtig beim Formen unebener Böden); beliebige Herabsetzung der Ziehgeschwindigkeit beim

Verarbeiten von Blechen aus rostsicherem Stahl, von Blechen geringerer Güte, auch bei gelegentlicher Verwendung von behelfsmäßigen Werkzeugen; leichte Anbringung von selbsttätigen Zuführeinrichtungen; leichte Erhöhung der Arbeitsgeschwindigkeit bei kleinen Hüben.

Als *Nachteile* der hydraulischen Pressen seien genannt: Größerer Platzbedarf und höhere Anlagekosten durch die Pumpen- und Druckspeicheranlage; größere Störanfälligkeit als bei mechanischen Pressen; Anlage erfordert Sonderkenntnisse und Erfahrungen der Ingenieure und Werkmeister; bei Anlagen ohne Druckspeicher muß der Pumpenmotor für die Spitzenleistung der Presse bemessen sein und belastet das Stromnetz stoßweise, weil ein Schwungmassenausgleich wie bei mechanischen Pressen fehlt; Arbeitsleistung meist geringer als die vergleichbarer mechanischer Pressen [*9*, *11*].

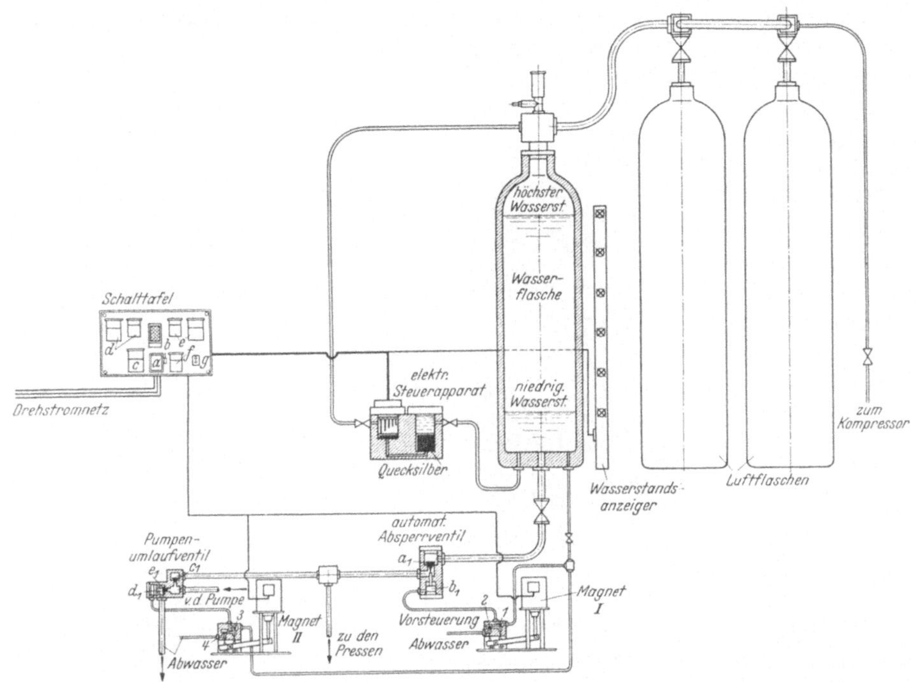

Abb. 13. Speicher-Anlage für Druckwasser zum Betrieb großer Einzelpressen oder von Pressengruppen Schema der selbsttätigen Steuerung durch die Höhe des Wasserstands, mit dem sich im Verhältnis der Wichten der Quecksilberspiegel des Steuerapparates hebt oder senkt und die in dem einen der kommunizierenden Räume ragenden Kontaktstifte erreicht, die Kontakte schließt, oder frei gibt und die Kontakte öffnet. Dabei werden die Druckpumpen ein- oder ausgeschaltet. Ein besonderer Kontakt steuert ein Hauptventil zur Verhütung von Entnahme der Preßflüssigkeit bei zu niedrigem Wasserstand. Hochdruck-Kompressoren erzeugen den Luftdruck in Druckluftbehältern, die mit den Druckwasserbehältern verbunden sind und die in ihnen befindliche Flüssigkeit belasten.

Hydraulisch betrieben sind auch die Pressen, die für die neueren Umformverfahren „Marform“ und „Hydroform“ entwickelt worden sind (Abb. 76—78, Abschn. 21).

Die einfachen mechanischen Ziehpressen werden immer starrer, die Stößelführungen länger und genauer. Der Übergang auf Reibungs- (Lamellen-) Kupplungen und Bremsen, bei denen der Reibungsdruck durch Preßluft oder elektromagnetisch erzeugt wird, erleichtert in Verbindung mit einer Druckknopfsteuerung die Bedienung der Pressen in hervorragender Weise, ermöglicht einen plötzlichen Stillstand des Stößels und auch die Umkehrung seiner Bewegungsrichtung in jedem Punkt seines Arbeitsweges.

4. Einfache Ziehpressen mit Niederhalter. Eine besondere mechanische Bewegung des Niederhalters durch die Presse, wie früher nach Abb. 5 und 6 beschrieben, kommt hier nicht in Frage. Um den Niederhalter überhaupt zu bewegen und, zur Erleichterung der Scheibenzuführung, von dem Ziehring wegzubringen, muß er mit dem Stößel elastisch verbunden werden. Das kann mit Hilfe von Federn (Abb. 14) oder mit Gummipolstern geschehen. Ist der zwischen Stößel und Tisch verfügbare Platz gering, so tauscht man zweckmäßig den Platz von Ziehring und Ziehdorn, setzt den Ziehring in den bewegten Stößel, den Ziehdorn in den Pressentisch, Abb. 49. Dadurch gewinnt man den Platz unter der Presse zur Anbringung eines Federdruckapparats für die Betätigung des Niederhalters, Abb. 15, 38, 39. Wie Abb. 39 u. 49 zeigen, sind die Federn zwischen Tisch und Niederhalter je nach Größe des erforderlichen Niederhalterdrucks zu spannen.

Für seichte Züge ist diese einfache Anordnung gut zu gebrauchen. Werden aber die Züge tief und also der Federweg groß, dann steigt der Niederhalterdruck mit tiefergehendem Stößel, d.i. zunehmendem Federweg, und wird schließlich so groß, daß das Blech reißt. Sobald dieser Nachteil erkannt war, wurde versucht, durch besondere Anordnung gleichmäßigen Federdruck und damit gleichmäßigen Niederhalterdruck auf dem ganzen Ziehweg zu erreichen. Solche Anordnungen wurden beim Festhalten an Federn verwickelt, und deshalb hat der Ersatz der Federapparate durch Druckluftapparate (Abb. 16 u. 40) im Pressenbau sehr rasch Eingang gefunden. Der Luftdruck ist leicht einzustellen und bleibt bei reichlich bemessenem Druckluftbehälter auch bei langen Ziehwegen praktisch gleich. Druckluftapparate können an jede einfache Presse angebaut werden. Man findet sie vornehmlich in Verbindung mit Reibspindel-, Exzenter- und Kurbelpressen.

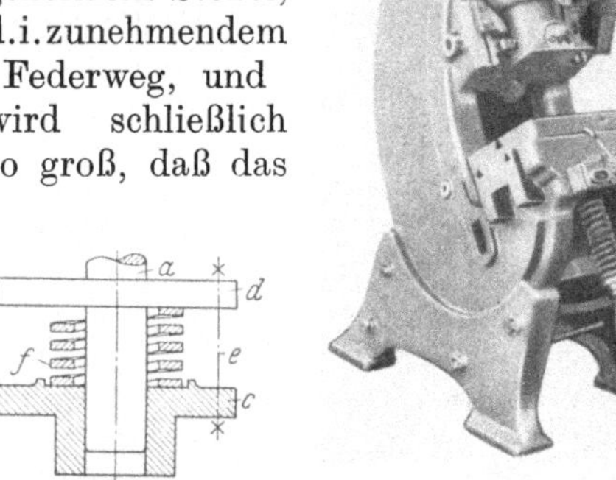

Abb. 14. Oberteil von Anschlagwerkzeug für einfachwirkende Ziehpresse. Der Niederhalter ist mit dem Ziehstößel gekuppelt; Niederhalterdruck durch eine kräftige, mittig geführte Zylinderfeder einstellbar.
a Ziehstempel, *c* Niederhalter, *d* Platte, *e* Schrauben, *f* Feder.

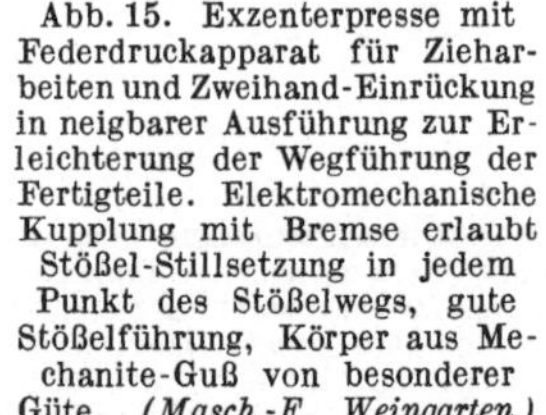

Abb. 15. Exzenterpresse mit Federdruckapparat für Zieharbeiten und Zweihand-Einrückung in neigbarer Ausführung zur Erleichterung der Wegführung der Fertigteile. Elektromechanische Kupplung mit Bremse erlaubt Stößel-Stillsetzung in jedem Punkt des Stößelwegs, gute Stößelführung, Körper aus Mechanite-Guß von besonderer Güte. *(Masch.-F. Weingarten.)*

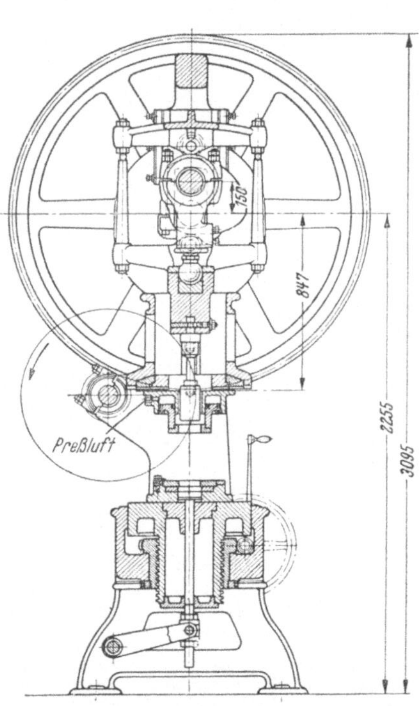

Abb. 16. Senkrechte Ziehpresse mit Preßluft-Niederhalter im Niederhalterstößel.

Ein großer Nachteil ist den nicht mechanisch-starr bewegten Niederhaltern, sowohl den Federdruckapparaten als auch den Luftpolstern, eigen: sie verringern die mit einem gegebenen Kurbelradius e erreichbare Ziehtiefe h, da bei der Art des Ziehvorgangs das Werkstück zwischen Tisch und Stößel weggenommen werden muß. Der Stößel muß in seiner oberen Stellung immer einen Abstand gleich der Ziehtiefe h vom Pressentisch bzw. der oberen Stempelfläche haben. Ist der ganze Stößelweg $2e$, so ist die größte erreichbare Ziehtiefe $h = e$. Diesem Mangel hat man auf verschiedene Weise abzuhelfen gesucht, einmal dadurch, daß man den Tisch absenkbar und zum andern (Abb. 17) dadurch, daß man den am Stößel angebrachten Ziehring ausziehbar gemacht hat. Dadurch wird die Ziehtiefe h erheblich größer und nahezu; $h = 2e$. Die besonders zu steuernden Bewegungen verzögern aber den Ziehprozeß erheblich und bringen bei nicht gut gesicherter Bewegung die große Gefahr einer falschen Bedienung, die schwere Folgen für Werkzeug, Presse und Arbeiter haben kann.

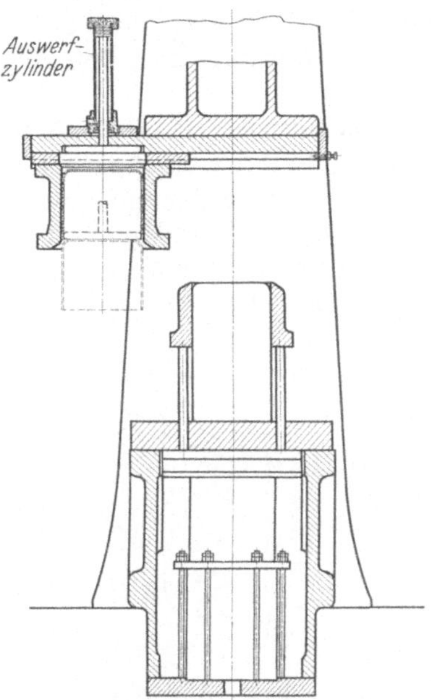

Abb. 17. Ziehring im Pressenstößel ausziehbar zur besseren Ausnützung des Stößelwegs für die Ziehtiefe; die Ausziehbewegung kann von der Presse gesteuert werden, also selbsttätig erfolgen. Die Ausziehstellung erleichtert die Wegnahme der Ziehstücke. Vorteilhaft wird erst am Ende des Ausziehwegs ausgestoßen. Notwendig ist eine Sicherung zwischen Stellung des Ziehring- und Einrückgestänges, die eine Fehlbedienung der Presse verhindert. *(Weingarten.)*

Abb. 18. Hydraulische Ziehpresse mit Einzelpumpe auf dem Pressenständer, hydraulischem Ziehkissen im Tisch, mit aufgebautem Ziehwerkzeug. Sichtbar die durch den Pressentisch gehenden, auf dem Ziehkissen ruhenden, den Niederhalter abstützenden Druckbolzen. *(Fritz Müller, Eßlingen.)*

Außer an mechanischen Pressen lassen sich Preßluftzylinder zur Betätigung eines Niederhalters auch an den einfach-wirkenden hydraulischen Pressen anbringen, Abb. 18. Meist zieht man bei hydraulischen Pressen aber hydraulische Niederhalterkissen vor, bei denen der Niederhalterdruck durch ein unter Federdruck stehendes Drosselventil stufenlos eingestellt werden kann.

5. Doppeltwirkende Pressen (Ziehpressen). Die doppeltwirkenden Pressen (Abbildungen 19 und 20) sind die eigentlichen Ziehpressen. Sie führen zwei mechanische Bewegungen aus:

1. die des Ziehdorns (wie die Kurbelpressen),
2. die des Niederhalters oder des Ziehrings.

Der Niederhalter wird bei den Kniehebelziehpressen (Abb. 19) derart bewegt, daß er dem Ziehstößel vorauseilt, bis er auf der Ziehscheibe aufsitzt. Hier bleibt er starr ruhen, während der Stößel seinen Ziehweg vollendet, und eilt diesem beim Hochgang nach (Abb. 6 und 81).

Durch diese besondere Anordnung wird mit $h = (1 + \cos\varphi)\, e$ — wobei h die Ziehtiefe, e die Kurbellänge, φ der Voreilwinkel des Niederhalters ist — die Ziehtiefe verhältnismäßig groß, so daß also die Kröpfung der Kurbelwelle gut ausgenützt ist. — Voraussetzung ist allerdings, daß die Werkstücke durch den Tisch hindurchfallen können. Trifft diese Voraussetzung nicht zu oder ist, wie bei Weiterschlägen, ein wesentlicher Teil des Stößelwegs für die Zuführung des vorgezogenen Werkstücks nötig, so verringert sich die Ziehtiefe auf $h = (1 + \cos\varphi)\, e/2$. Aus diesem Grund werden Kniehebelpressen vorwiegend für den ersten Zug, den Anschlag, benutzt.

Für Weiterschläge sind die Kurvenscheibenziehpressen (Abb. 20) günstiger. Bei diesen steht zumeist der Niederhalter fest, während der Tisch durch Kurven bewegt wird. Diese Bewegungsart ermöglicht größere Geschwindigkeiten und dadurch eine wesentliche Verkleinerung des Voreilwinkels. Die Ziehtiefe von $h = (1 + \cos\varphi)\, e$ wird mit kleinerem Voreilwinkel φ größer als bei Kniehebelpressen. Da ferner die Bewegungen von Tisch und Stößel immer in entgegengesetzter Richtung verlaufen, wird das Werkzeug viel schneller geschlossen und geöffnet als bei Kniehebelziehpressen, und entsprechend der Zeitanteil der Beschickung am Kurbelumlauf größer. Dieser Gewinn kann entweder, bei Weiterschlägen, zur Erleichterung der Pressenbeschickung oder aber, bei seichten Zügen, zur Leistungssteigerung verwendet werden.

Abb. 19. Doppeltwirkende Ziehpresse mit Bewegung des Niederhalters durch Kniehebelziehpresse. (*Schuler.*)

Abb. 20. Doppeltwirkende, rein mechanische Ziehpresse, Tischbewegung durch Kurvenscheiben (Kurvenscheibenziehpresse) in gedrängter Bauweise. (*Schuler.*)

Wie bei den einfachen Pressen ohne Niederhalter (Abschnitt 3) ist auch bei den doppeltwirkenden Pressen die Entwicklung der hydraulischen Pressen mit Niederhalter sehr zu beachten. Die bei den einfach-wirkenden hydraulischen Ziehpressen angetroffenen Merkmale sind auch den doppelt-wirkenden, mit Niederhalter arbeitenden Ziehpressen eigen (Abb. 21).

Der Niederhalter wird von einem besonderen Stößel aufgenommen und bewegt, der seinen Druck durch 2 oder 4 oder noch mehr Zylinder erhält, Abb. 21. Der

Abb. 21. Doppeltwirkende hydraulische Ziehpresse, mit Ziehkissen-Batterie im Tisch dreifachwirkend. Wenn als doppeltwirkende Ziehpresse arbeitend, kann der normale Ziehdruck durch Kupplung von Zieh- und Niederhalterstößel erhöht werden. *(Becker & van Hüllen, Krefeld.)*

Abb. 22. Zieh- und Schlagpresse „Lasco", kann nach Arbeit als normale doppeltwirkende Ziehpresse (Ziehkissen im Tisch) einfach und schnell anf Hammerarbeit umgestellt werden, entsprechende Arbeitsweise wie Abb. 7, zur Bodenformung, Faltenbeseitigung und Kalibrierung. *(Langenstein & Schemann, Coburg.)*

Ziehstempel ist in dem Niederhalter-Schlitten geführt, so daß die Arbeitsweise der doppelt-wirkenden hydraulischen Ziehpressen der der mechanischen Kniehebelziehpressen entspricht, insbesondere hinsichtlich der erreichbaren Ziehtiefe. Wenn die Stößelbewegung unabhängig von der Niederhalterbewegung gesteuert wird, kann die erreichbare Ziehtiefe praktisch günstiger werden als bei den mechanischen Pressen, vergleichsweise $h = 2\,e$.

Die Erzeugung des Niederhalterdrucks durch mehrere Zylinder mit getrennter Druckeinstellung wirkt sich besonders günstig bei der Herstellung von Werkstücken mit ungleichmäßiger Seiten- und Tiefenformung aus, denn sie läßt eine Anpassung des Niederhalterdrucks an den Grad der Faltenbildung zu, der in den einzelnen Teilen des Werkstücks verschieden ist, bzw. läßt die Einlaufgeschwindigkeit des Ziehblechs in das Werkzeug in den einzelnen Zonen beeinflussen.

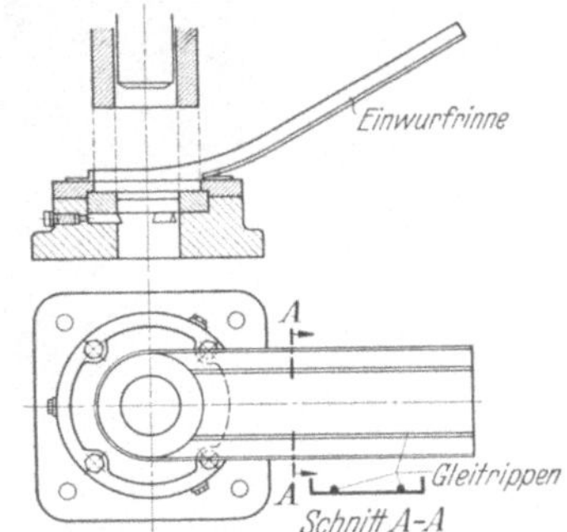

Abb. 23. Selbsttätige Rutschzuführung.

Doppelt-wirkende hydraulische Ziehpressen können auch mit luftbetätigten oder hydraulisch betätigten Ziehkissen unter dem Pressentisch ausgestattet werden, entweder um einen oder mehrere Ausstoßer zu betätigen oder die Pressen dreifachwirkend zu gestalten. In diesem Fall wird von den Druckzylindern unter dem Pressentisch ein zweiter Niederhalter gesteuert, für den Weiterzug des Anschlags oder eine zusätzliche Bodenformung. Die Anordnung ermöglicht es, die Nachformung erst folgen zu lassen, wenn die Hauptform ausgebildet ist, erhöht die Sicherheit der Arbeitsausführung und verringert zugleich die Ausschußgefahr.

Abb. 24. Selbsttätige Zuführung von „endlosen" Bändern durch Walzen (oder Rollen) an einer Exzenterpresse (*Weingarten*).

Eine hydraulische Ziehpresse besonderer Art zeigt Abb. 22. Sie verbindet die Vorzüge einer hydraulischen Ziehpresse mit denen der Hämmer Abb. 7, d. h. sie ist so eingerichtet, daß mit einem Hebelgriff nach Vollendung der Ziehumformung auf Schlagen übergegangen werden kann und zwar sowohl auf Einzelschlag, wie auf Dauerschlag, Hämmern. Diese Umstellung ist besonders günstig, wenn der Gefäßboden schärfer ausgeprägt werden muß, als es durch die übliche Zieharbeit gelingt, oder wenn Falten geglättet werden müssen, wie sie bei verwickelten Ziehteilen entstehen können [*3, 11, 19*].

Abb. 25. Kurbelpresse zum Schneiden und Ziehen mit Zickzackzuführung, d. h. selbsttätigem Vorschub zur günstigen Aufteilung von Blechtafeln.

Daneben ist die Bewegung des Stößels unabhängig von der des Niederhalters, so daß nahezu der ganze Stößelweg als Arbeitsweg ausgenützt, also im Vergleich mit Kurbelpressen $h = 2\,e$ werden kann.

6. Pressen mit selbsttätiger Zuführung. Selbsttätige Zuführungen steigern die Leistungsfähigkeit der Pressen gegenüber Handbeschickung auf das Mehrfache, schon dann, wenn nur die Scheiben selbsttätig zugeführt werden, noch mehr, wenn die Schneidarbeit mit dem Tiefzug verbunden wird. In diesem Fall ist es möglich, Streifen, Bänder oder Tafeln zu verarbeiten.

Abb. 26. Exzenterpresse mit mehreren Ziehwerkzeugen und Revolverzuführung; der Niederhalterdruck wird durch Federn erzeugt, die unter dem Pressentisch angeordnet sind (Federdruckapparat). *(Schuler.)*

Scheiben können entweder einzeln zugeführt werden durch Rutschen (Abb. 23) oder Ladescheiben (Revolverteller) oder aber in Paketen, von denen dann die Maschine ganz selbsttätig mit (Saug-) Greifern oder Schiebern Scheibe um Scheibe zum Werkzeug bringt.

Zur Zuführung von Streifen und Bändern dienen Walzen oder Zangen (Abb. 24) und zur Zuführung von Tafeln besondere Zuführeinrichtungen, sog. Zickzackzuführungen (Abbildung 25).

Die gute Bewährung selbsttätiger Zuführungen bei vorgezogenen Werkstücken hat dazu geführt, mehrere Werkzeuge zur Verrichtung aufeinanderfolgender Arbeiten an einem Stößel anzubringen und durch geeignete Zuführung zu verbinden.

So entstanden erst mit Ladescheibenzuführung die Revolverpressen mit beschränkter Stufenzahl (Abb. 26), denen mit Greiferzuführung, jene mehr und mehr verdrängend, die Stufenpressen mit großer Stufenzahl gefolgt sind (Abb. 27, 28). Solche Pressen bringen die größten Mengen auf kleinstem Raum, mit kleinstem Aufwand an Menschenkraft. Für Stufenpressen gibt es weder in der Zahl der Stufen eine Grenze noch in der Größe der Arbeitsstücke, noch endlich in der Werkzeugbewegung einschließlich

Abb. 27. Kurbelpresse mit mehreren nacheinander arbeitenden Werkzeugen: Stufenpresse. Die Ziehscheibe bzw. das vorgearbeitete Werkstück wird dem ersten Werkzeug selbsttätig durch Ladescheibe zugeführt und von Werkzeug zu Werkzeug (Stufe zu Stufe) durch Greifer weiterbefördert. *(Industriewerke Karlsruhe AG., Karlsruhe.)*

der Niederhalterwirkung. Durch Anwendung von Preßluftpolstern wird die Stufenpresse, ziehtechnisch gesehen, der günstigsten Ziehpresse zur Seite gestellt; ihr Arbeitsgebiet wird nach wirtschaftlichen Erwägungen bestimmt.

Abb. 28. Werkzeuge und Fertigungsstufen der Stufenpresse Abb. 27 mit geöffneten Vorschubzangen.

B. Ziehwerkzeuge für einfache Pressen ohne Niederhalter.

7. Das Anschlagwerkzeug ohne Niederhalter ist das einfachste Ziehwerkzeug überhaupt, es besteht nur aus dem Ziehstempel *2* und dem Ziehring *1* (Abb. 2) und ist anzuwenden, solange $s_0 \geqq 0{,}2\,(d_0 - d_1)$ ist. Wichtig ist die Form der Ziehkanten *a* und *b* (Abb. 2): sie muß für dünne Bleche durch kleinen Rundungshalbmesser gebildet werden, für dicke Bleche, $s > 2 \cdots 3$ mm, stetig verlaufen, entweder nach Abb. 2 mit entsprechend großem Rundungshalbmesser, oder in einer Ausführung nach Abb. 29 die die Flächenreibung verringert, um so mehr, je kleiner der Ziehwinkel α ist. $\alpha = 22{,}5°$ ergibt größere Ziehverhältnisse als $\alpha = 45°$. Wesentlich ist, daß die Umformung von außen her eingeleitet wird und stetig verläuft.

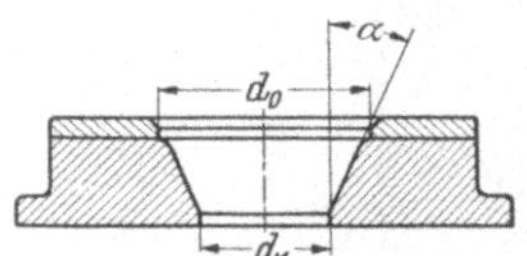

Abb. 29. Ziehring zum Umformen einer Scheibe in einen Napf ohne Niederhalter mit kegelförmiger Ziehfläche. Ziehwinkel $= 2\,\alpha$.

Der Ziehstempel muß, wie alle Ziehstempel, durchbohrt sein, damit bei seinem Rückgang, wenn das gezogene, luftdicht an den Ziehstempel anliegende Gefäß abgestreift werden soll, die Luft in den zwischen dem Gefäßboden und dem Ziehstempel entstehenden Hohlraum treten kann. Dadurch wird das Abstreifen erleichtert, in manchen Fällen ohne Beschädigung von Werkstück oder Maschine überhaupt erst ermöglicht.

Da mit den Werkzeugen ohne Niederhalter nur seichte Züge möglich sind, braucht man zum Abstreifen keine besondere Einrichtung. Es genügt, wenn man das Ende der Ziehfläche scharf hält, so daß der Gefäßrand, dessen Durchmesser nach dem Ziehen durch Rückfederung etwas größer wird als der Durchmesser der Ziehöffnung, beim Hochgehen sicher aufgehalten wird.

Zu den Ziehwerkzeugen ohne Niederhalter gehören auch die Formschlagwerkzeuge entsprechend Abb. 3 und Werkzeuge, wie sie für die Hämmer, Spindelpressen und Prägepressen in Frage kommen, wo sie ohne Niederhalter arbeiten. Sie bestehen also nur aus Formstempel mit Gegenform, aus Positiv und Negativ. Wenn sie, wie meist, für die Fertigung von Kleinserien, ≤ 400 bestimmt sind, werden sie aus leicht bearbeitbaren, relativ weichen Werkstoffen, entweder nur aus Preßholz, oder aus Zink- oder Leichtmetallegierungen im Gießverfahren hergestellt. Im letzten Fall muß der Guß sehr genau sein; er fordert also eine entsprechend genau bearbeitete Gießform, Abb. 30, bzw. ein genau gearbeitetes Modell. Für die Modellherstellung aus Gips sind geeignete Verfahren entwickelt worden, die nicht nur die Herstellungszeit klein halten sondern auch die erforderliche Genauigkeit sichern. Der Gips wird dabei von Holz- oder Blechgerüsten getragen, Abb. 31, die gewöhnlich schon aus Schablonen zusammengesetzt sind und die die Fertigbearbeitung des Gipsmodells in Verbindung mit Gegenschablonen, Abb. 32, erleichtern [*12, 18*].

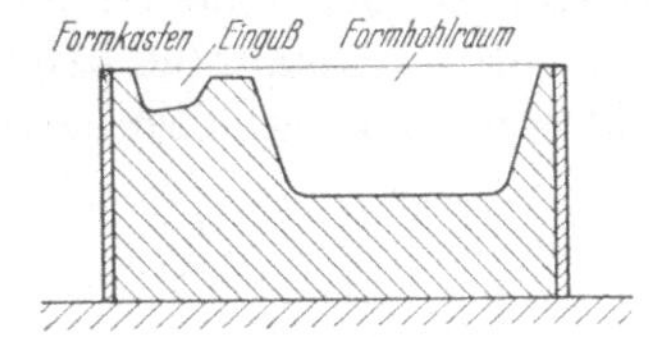

Abb. 30. Gießform aus Gips für Zinkguß mit Eingießstelle.

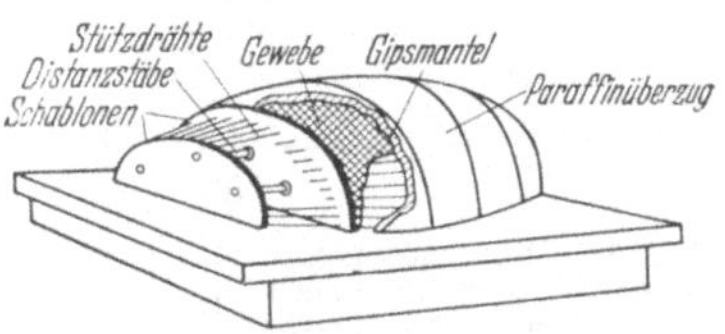

Abb. 31. Teil einer Gießform für Zink oder Leichtmetallguß.

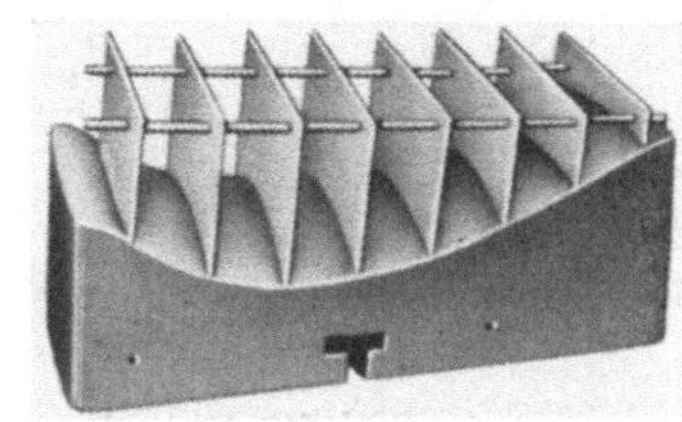

Abb. 32. Gegenschablone zur gegossenen Werkzeugform zur Erleichterung und Überprüfung der Nacharbeit, bzw. Fertigarbeit.

Zur Verbindung der Werkzeugteile mit den entsprechenden Maschinenteilen gibt es verschiedene Möglichkeiten: Der Ziehstempel kann Außen- oder Innengewinde haben und mit dem Stößel verschraubt, oder er kann kegelförmig verjüngt und mit dem Stößel verkeilt sein, oder aber, mit einem zylindrischen Zapfen versehen, im Stößel aufgenommen werden, wobei für besondere achsrechte Sicherung gesorgt werden muß. Die erste Ausführung ist am einfachsten. Die Gewindebefestigung gewährleistet aber nur bedingt einen achsrechten Sitz; die Kegelbefestigung ist in dieser Hinsicht besser, wenn sorgfältig ausgeführt; aber die regelmäßige Benützung des Hammers zur Durchführung einer einwandfreien Befestigung verträgt sich schlecht mit einer pfleglichen Maschinenbehandlung. Aus diesen Gründen verdient die technisch einwandfreie dritte Befestigungsart den Vorzug, auch wenn sie etwas zeitraubender ist.

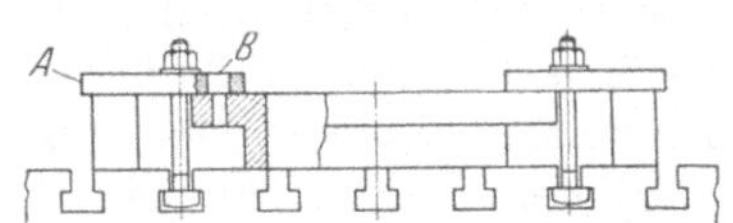

Abb. 33. Werkzeugbefestigung an der Maschine.
A Klaue, *B* Loch für Stift zur Sicherung gegen Verdrehen.

Der Ziehring, das Werkzeugunterteil, wird entweder mit Schrauben, die einerseits in Rillen des Pressentisches, andererseits in besonderen Aussparungen am Ziehring geführt werden, unmittelbar (Abb. 49) oder — zur Vermeidung der Aussparungen im Ziehring — mittelbar mit dem Pressentisch verschraubt (Abb. 33).

Bei liegenden Ziehpressen genügt als Befestigung für viele Zwecke die Aufnahme in einem nach oben offenen Schuh, d. h. einer Art Gabel, die eine rasche Auswechslung der Ziehringe ermöglicht. In diesem Fall wird die zentrische Lage des Ziehrings durch genaue Bearbeitung des Umfangs, die achsrechte durch eine Schulter bestimmt und gesichert.

8. Das Weiterschlagwerkzeug ohne Niederhalter (Abb. 34a und b) ist ebenso einfach wie das Anschlagwerkzeug und unterscheidet sich von diesem nur durch die besondere Form der Werkstückführung vor dem Ziehen. Werden die zu ziehenden Gefäße sehr tief und die Wanddicken im Verhältnis zur Tiefe gering, wie z. B. bei Streckzügen, dann wird die Haftung der Gefäße am Stempel nach dem Zug groß, und es empfiehlt sich, den Ziehstempel etwas zu verjüngen (ungefähr 1°) und durch besonderen Abstreifer (Abb. 35) dafür zu sorgen, daß der Abstreiferdruck von der ganzen Wanddicke aufgenommen wird. Je größer die beanspruchte Fläche des Gefäßrands, desto kleiner der spezifische Flächendruck und desto größer die Sicherheit, daß der Gefäßrand beim Abstreifen nicht beschädigt wird. Weiterschlagwerkzeuge ohne Niederhalter nach Abb. 34a, b u. Abb. 35 eignen sich nur für dicke Wan-

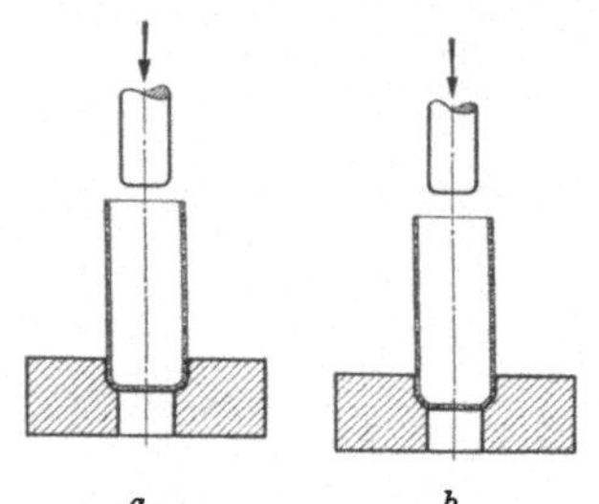

Abb. 34. Weiterschlagwerkzeuge ohne Niederhalter mit verschiedenen Übergängen zur Ziehkante:
a Ecke gerundet, *b* Ecke kegelförmig.

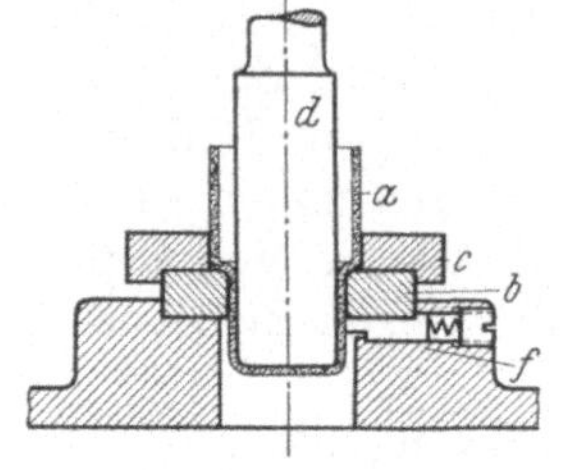

Abb. 35. Weiterschlagwerkzeug ohne Niederhalter mit zusammengesetztem Werkzeugunterteil.
a Gefäß, *b* Ziehring, *c* Werkstückaufnahme, *d* Stempel, *f* Abstreifer. Die Bauart ermöglicht eine zweckmäßige, die Beanspruchung berücksichtigende Werkstoffauswahl.

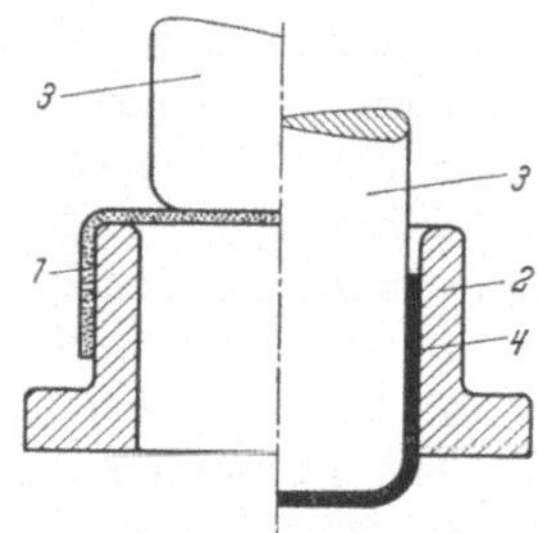

Abb. 36. Weiterschlag als Stülpzug.
1 vorgezogenes Werkstück, *2* Ziehring, *3* Ziehstempel, *4* fertig gezogenes Werkstück.

dungen oder geringe Durchmesserabnahme, besonders aber für Streckzüge. Wenn der Weiterschlag an Gefäßen mit dünnen Wänden ausgeführt werden muß, empfiehlt es sich, diesen als Stülpzug auszuführen nach Abb. 36, um den Niederhalter auch bei dünnem Blech zu sparen.

C. Ziehwerkzeuge für einfache Pressen mit Niederhalter.

9. Anschlagwerkzeug mit Niederhalter. Der einfachste Niederhalter ist eine schwenkbare Platte nach Abb. 37. Durch deren Anwendung wird der Verwendungsbereich des einfachen Anschlagwerkzeugs etwas erweitert, der Arbeitsablauf aber verlängert durch die Zeit, die zum Ausschwenken, Einschwenken und Verriegeln der Platte bei jedem Ziehgang nötig ist.

Dieser Nachteil ist bei einem gefederten Niederhalter nicht vorhanden. Die Federung wird entweder von einem oder mehreren Gummizylindern oder aber einer oder mehreren Zylinderfedern aufgenommen dadurch, daß der Federungskörper zwischen Werkzeugunterteil und Niederhalter gespannt wird (Abb. 15, 38 und 49). Der Druck des Federungskörpers ist einstellbar durch Veränderung des Abstands der beiden Druckplatten, von denen die untere gegen die Stellmutter der Führungsstange, die obere über Druckbolzen gegen den Niederhalter schultert. An Stelle von Zylinderfedern werden in neuerer Zeit sehr häufig Tellerfedern gewählt (Abb. 39). Tellerfedern sind gewölbte Ringe aus gehärtetem Stahlblech, die von Sonderfabriken in Massen hergestellt werden. Die Ringe werden zu Säulen zusammengebaut, deren Höhe sich durch das Maß der notwendigen Federung ergibt. Tellerfedern haben den Vorteil, daß die einzelnen Elemente immer wieder verwertbar sind und für die verschiedensten Zwecke u. Drücke zusammengestellt werden können.

Zur Herstellung von Gummizylindern eignet sich am besten weicher Gummi mit einer Härte von 30 ... 40 Shore. Die Zylinder werden aus Gummiplatten zusammengebaut, die entweder nur lose aufeinander gelegt (wenn eine gute Führung vorhanden ist) oder zusammengeklebt werden. Die Zylinderhöhe muß auf das 7 bis 12-fache des verlangten Verformungsweges angesetzt werden.

10. Niederhalterbewegung durch Federdruckapparat. Der Federkörper, der nach Abb. 39 u. 49 am Werkzeugunterteil befestigt sein kann, wird zweckmäßig mit dem Pressentisch verbunden, sobald mit der Presse Zieharbeiten häufiger ausgeführt werden sollen. Diese Ausführung wird bevorzugt verwendet sowohl an liegenden Kurbelpressen (Stoßwerken), wie an stehenden Pressen (Abb. 15), besonders bei seichten Zügen; sie ist mechanisch einfach, haltbar und so die beste Grundlage für rasche, störungsfreie Arbeitsweise.

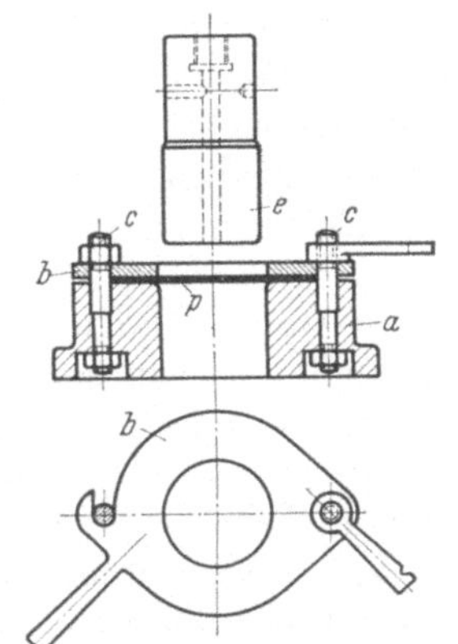

Abb. 37. Ziehwerkzeug mit schwenkbarer Platte als Niederhalter.
a Ziehring, *b* Niederhalter, *c* Spannschraube und Bolzenschraube für *b*, *e* Stempel, *p* Blechscheibe.

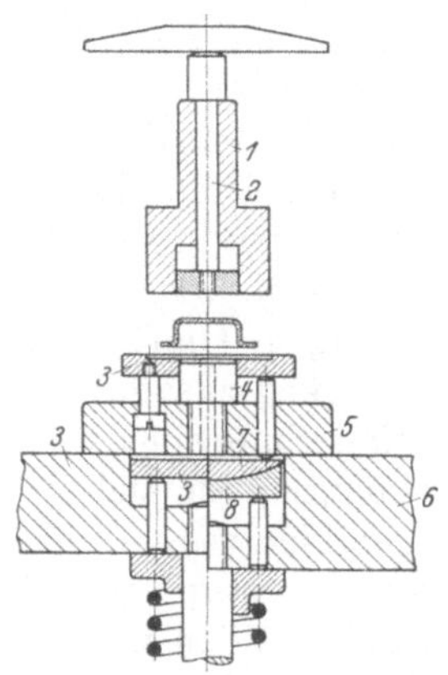

Abb. 38. Ziehwerkzeug mit Niederhalterfedern im Unterteil. (Federdruckapparat.) (AWF.)
1 Ziehring, *2* Ausstoßer, *3* Niederhalter, *4* Ziehdorn, *5* Stempelaufnahme, *6* Grundplatte, *7* Ausgleichplatte, *8* Druckplatte, Ausführung links ohne Ausgleichsplatte.

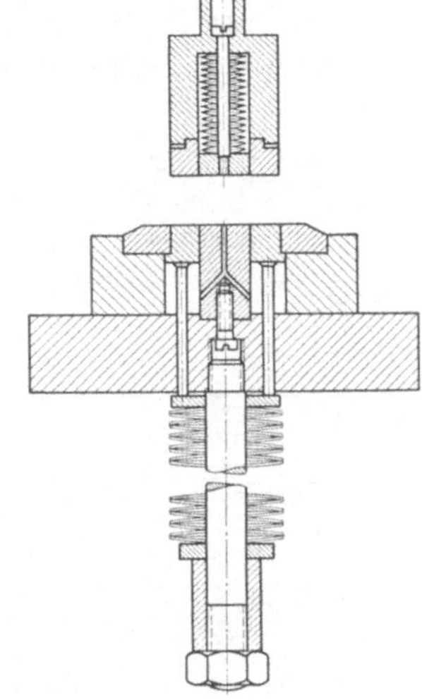

Abb. 39. Druckapparat für Zieharbeiten mit Tellerfedern an Stelle von Zylinderfedern, in Verbindung mit Verbundwerkzeug für Schnitt und Anschlag. (*Ad. Schnorr K.G., Stuttgart-Botnang.*)

Die Lagerung der Federn erfordert eine Umkehrung des Ziehwerkzeugs zur Presse (Abb. 38, 39 und 49): Niederhalter und Ziehstempel müssen mit dem Pressentisch, der Ziehring mit dem Pressenstößel verbunden werden. Hinsichtlich der Federn gilt sinngemäß das in Abschnitt 9 Gesagte.

11. Niederhalterbewegung durch Luftpolster und hydraulische Kissen. Wo tiefe Züge gemacht werden müssen, ist der Federdruckapparat nicht mehr anwendbar, wie bereits für die Pressen (Abschn. 4, zweiter Absatz) ausgeführt. Die zusätzliche Spannung im Blech, bzw. dem Ziehstück, kann vorzeitig zum Bruch führen, vielleicht schon ausgelöst durch die zulässigen handelsüblichen Abweichungen der Blechdicke. Will man die Bruchgefahr durch Verringerung des Niederhalterdrucks zu Beginn des Ziehwegs mildern, so tritt die Gefahr der Faltenbildung in den Vordergrund (Abb. 105 u. 111), die ebenso schädlich ist wie die Überspannung des Niederhalterdrucks. Die Grenze, die der Verwendung des Federdruckapparats gezogen ist, ist also durch die Ausschußgefahr bedingt; je näher sie rückt, desto größer wird der Anteil der Ausschußstücke bei der Fertigungsmenge.

Abhilfe bringt die Gleichhaltung des Niederhalterdrucks auf dem ganzen Ziehweg durch Ersatz des Federdruckapparats durch ein Luftpolster (Abb. 16, 40 u. 53). Das Luftpolster erfordert allerdings eine besondere Anlage zur Preßlufterzeugung, ist daher teuerer im Betrieb, erfordert eine sorgfältigere Überwachung und ist größerem Verschleiß unterworfen. Dafür ist der Niederhalterdruck in weiten Grenzen auf einfache und empfindliche Weise einstellbar. Dieser Vorteil wirkt sich besonders günstig aus bei der Verarbeitung von dünnem Blech und bei unterschiedlicher Blechdicke, der Dickentoleranz.

Mit Druckluftpolstern lassen sich größte Niederhalterdrücke beherrschen. Wenn die Drucksteigerung durch die Erhöhung der Kolben- (Stufen-)Zahl in einem Zylinder, Abb. 16, 40, 53, nicht mehr ausreicht, hilft die Parallelschaltung einer beliebig großen, durch die Pressenabmessung begrenzten Zahl von Luftpolstern weiter.

Die Parallelschaltung, bei der für jedes Kissen der Druck getrennt eingestellt werden kann, läßt eine Anpassung des Niederhalterdrucks an den Bedarf der einzelnen Zonen einer Werkstückform zu, wodurch der Einlauf des Ziehblechs in den Zonen gesteuert werden kann, so daß er über den ganzen Umfang der Ziehscheibe praktisch gleichmäßig erfolgt.

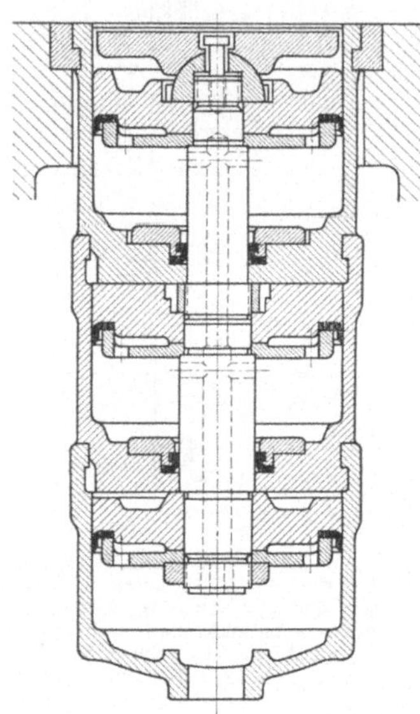
Abb. 40. Luftkissen zur Erhöhung des Druckbereichs mit 3 in Reihe geordneten Luftzylindern (Dreistufiges Luftkissen). *(Masch. Fabr. Weingarten.)*

Bei Umdrehungshohlgefäßen ist diese Gleichmäßigkeit immer vorhanden, nicht aber bei eckigen Gefäßen oder solchen mit unregelmäßigem, beliebigem Umriß. Bei eckigen Gefäßen bilden die 4 Ecken zusammen einen Zylinder, der zu seiner Erstellung einen Tiefzug verlangt, die Seitenflächen könnten für sich aber durch reines Biegen ausgebildet werden, bei dem keine Werkstoffwanderung erzwungen, also auch keine Faltenbildung unterbunden werden muß. Ruht auf der zur Erstellung des rechteckigen Gefäßes erforderlichen Ziehscheibenfläche der Niederhalter gleichmäßig stark, so werden mit dem Beginn der Umformung die den Seitenflächen entsprechenden Zonen schneller in die Ziehöffnung fließen als die den Ecken entsprechenden Zonen, die sich unter den tangentialen Druckkräften, die mit dem Werkstofffluß entstehen, verdicken und im gleichen Maß die Seitenwände entlasten. Dadurch wird der Ziehvorgang gestört; die Werkstücke werden fehlerhaft. Abhilfe schafft nur die Erhöhung des Niederhalterdrucks in den den Seitenflächen entsprechenden Zonen der Ziehscheibe über den auf den den Ecken entsprechenden Zonen ruhenden hinaus.

Bei großflächigen Werkstücken mit stark gewölbtem und abgesetztem Boden ist die richtige Verteilung des Niederhalterdrucks eine schwierige Aufgabe, die sich oft nur durch Versuchszüge befriedigend klären läßt. (S. a. Abschn. 19 u. 20 Wulstziehen.)

Hydraulische Kissen entsprechen im Aufbau und in der Wirkungsweise den Druckluftkissen. Sie werden bevorzugt bei hydraulischen Pressen, wo die Druckflüssigkeit ohnedies vorhanden ist, so daß man zur Speisung nicht eine besondere Anlage braucht.

12. Ziehwerkzeuge für doppeltwirkende Pressen. Die Vorzüge der Luftpolster wurden bei ihrer Einführung stark übertrieben, man hat ihnen nicht nur die oben beschriebenen Vorzüge zugemessen, sondern behauptet, daß sie größere Erfolge auch in der erreichbaren Ziehtiefe bringen. Wenn man die Angaben über die erreichbare größte Ziehtiefe für Luftpolsterpressen vergleicht mit denen, die für doppeltwirkende Pressen gemacht werden, bei denen der Niederhalter nur mechanisch bewegt wird, dann zeigt sich klar, daß ziehtechnisch die Luftpolsterpresse gegenüber der doppeltwirkenden Ziehpresse keinen Vorsprung gewonnen hat. Von viel größerer Bedeutung ist der mechanische Vorteil, den die Aufnahme der Niederhalterbewegung durch das Luftpolster bringt: die bewegten Massen sind durch den Fortfall des Niederhalterstößels kleiner geworden, der Schwerpunkt der Presse wird tiefer gelegt. Der mechanische Vorteil wiegt um so schwerer, je größer die Ziehstücke sind. Bei kleineren und mittelgroßen Ziehstücken behauptet die doppeltwirkende Ziehpresse auch heute noch ihren Platz. Die rein mechanische Arbeitsweise ist einfach, entsprechend auch der Werkzeugaufbau: Abb. 4 für Anschlag und Abb. 41 für Weiterschlag.

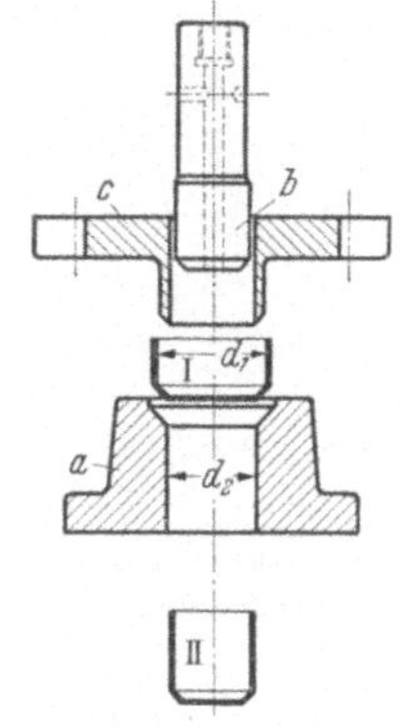

Abb. 41. Weiterschlagwerkzeug für mechanisch bewegten Niederhalter. *a* Unterteil, Ziehring, *b* Ziehdorn, *c* Niederhalter. *I* vorgezogenes Werkstück, *II* weiter gezogenes Werkstück.

Zur Erleichterung der Einstellung des Niederhalterdruckes, sowie wegen des Ausgleichs der Schwankungen in der Dicke der Ziehbleche werden neuerdings doppeltwirkende Ziehpressen mit einem Luftpolster im Niederhalter versehen und so die Vorteile der doppeltwirkenden Ziehpressen mit denen der Luftpolster-Ziehpressen vereinigt.

D. Werkzeugverbindung.

13. Werkzeugreihe. Die einfachste Art der Werkzeugverbindung ist die Werkzeugreihe. Sie wird gebildet von der Gesamtzahl der Schnitt-, Stanz- und Ziehwerkzeuge, die zur spanlosen Bearbeitung eines Werkstücks notwendig sind (Abb. 42, 43 u. 44) und von denen jedes nur für *einen* Arbeitsgang an dem Werkstück dient.

Diese Werkzeuge können jedes für sich in eine Maschine gebaut werden, so daß dann mit jedem Stößelhub ein Arbeitsgang erledigt wird, oder sie können in größerer oder voller Zahl zusammen in eine Maschine (Stufenpresse, Abb. 27, 28) gegeben

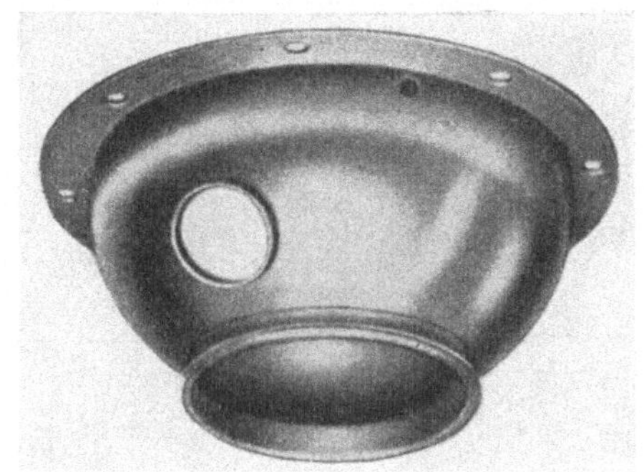

Abb. 42. Ansicht eines Ziehstücks (Schutzkappe), Machinery 1923.

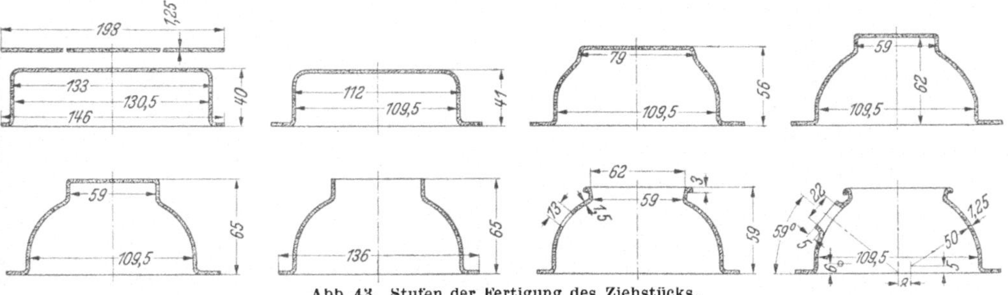

Abb. 43. Stufen der Fertigung des Ziehstücks.

werden, so daß mit jedem Stößelhub der Maschine eine größere Zahl von Arbeitsgängen bis zur Gesamtzahl fertiggestellt wird.

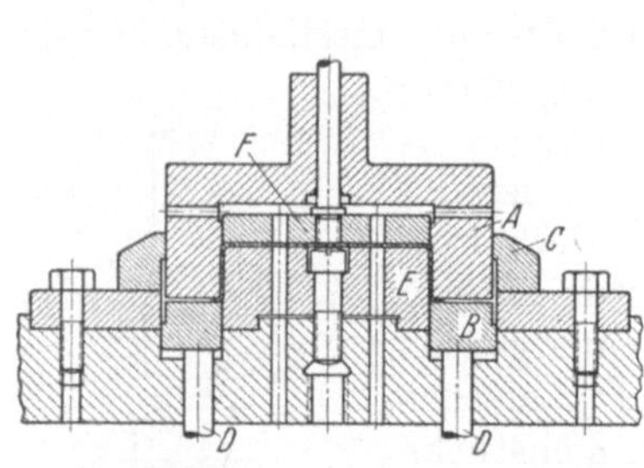

Stufe 1: Schnitt der Ziehscheibe und Anschlag.
A Schnittstempel, gleichzeitig Ziehring, *B* Niederhalter, *C* Schnittring, *D* Druckbolzen zwischen Niederhalter und Druckfeder, *E* Ziehstempel, *F* Auswerferplatte.

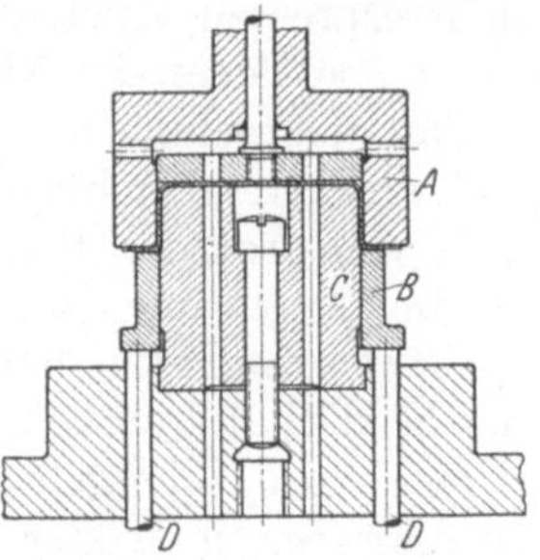

Stufe 2: Weiterschlag.
A Ziehring, *B* Niederhalter, *C* Ziehstempel, *D* Druckbolzen zwischen Niederhalter und Druckfeder.

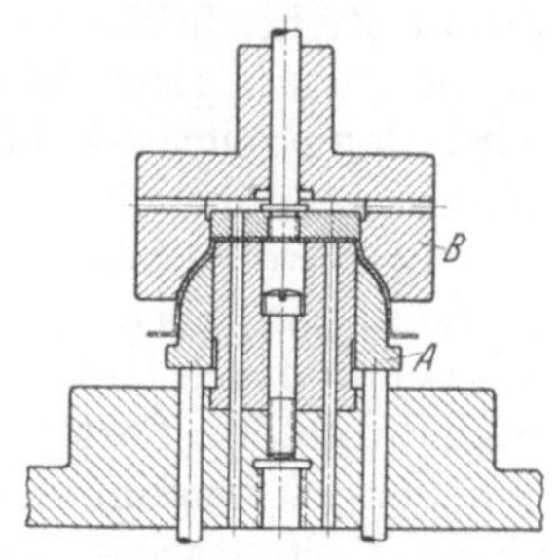

Stufe 3: Erster Formzug.
A Niederhalter, *B* Ziehring = Ziehform.

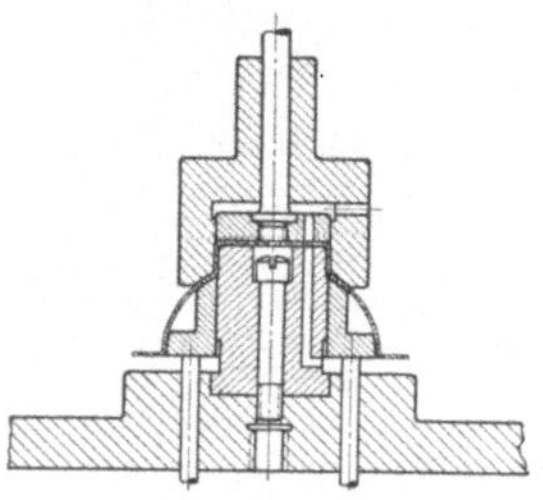

Stufe 4: Zweiter Formzug mit im Unterteil gefedertem Niederhalter.

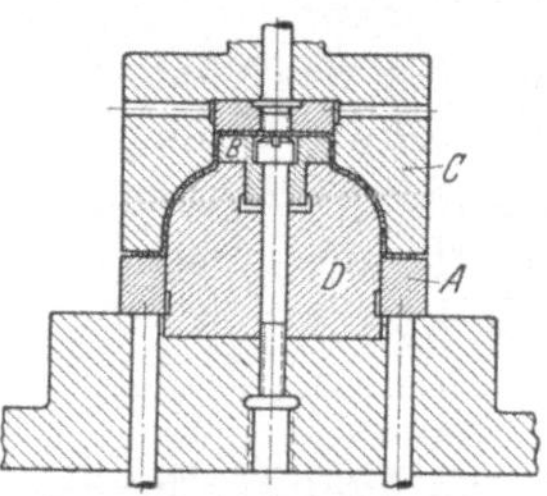

Stufe 5: Fertigschlag.
A Niederhalter, *B* eingesetzter Ziehstempel, *C* Formring, *D* Formstempel.

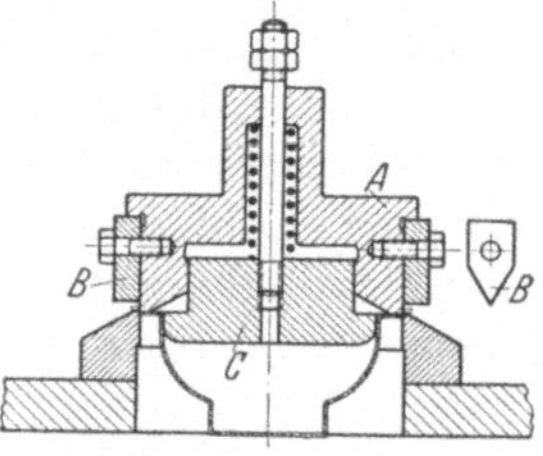

Stufe 6: Beschneiden des Gefäßrandes und Zertrennen des abgeschnittenen Blechrings.
A Schnittstempel, *B* Trennmesser, *C* Führungstempel.

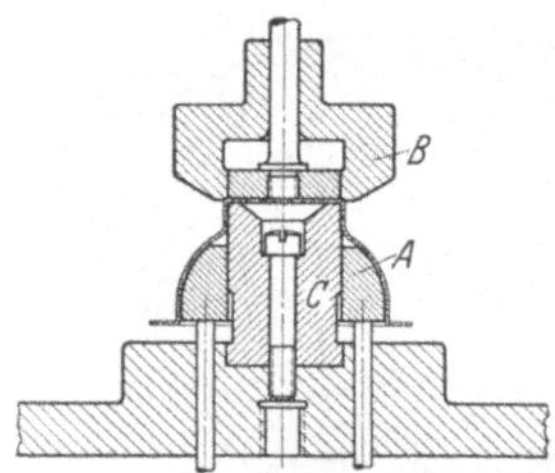

Stufe 7: Ausschneiden des Gefäßbodens.
A Niederhalter, *B* Schnittring, *C* Schnittstempel.

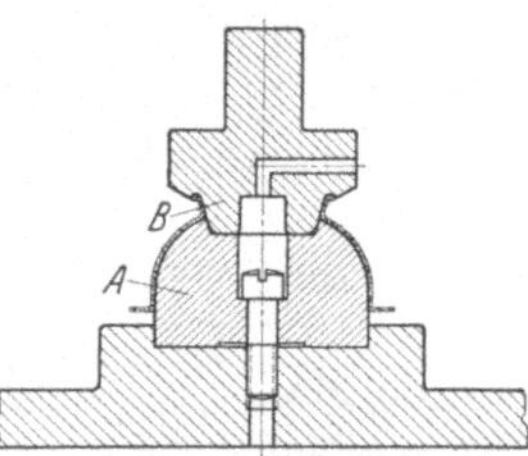

Stufe 8: Ausweiten des Kappenhalses und Einrollen des Randes.
A Aufnahme, *B* Aufweite- und Rollstempel.

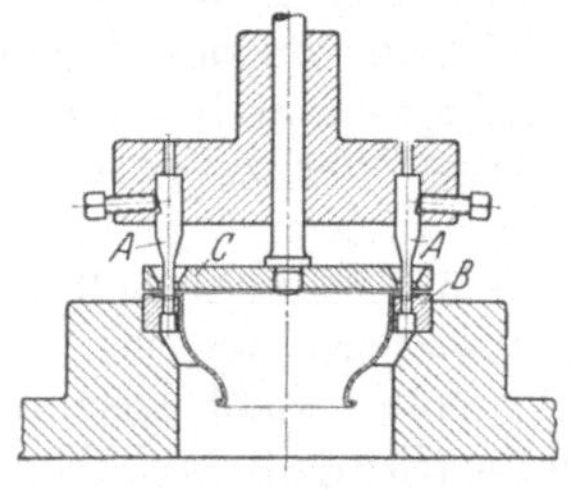

Stufe 9: Schneiden der Befestigungslöcher in den Gefäßflansch.
A Lochstempel, *B* Schnittplatte, *C* Niederhalter, gleichzeitig Abstreifer.

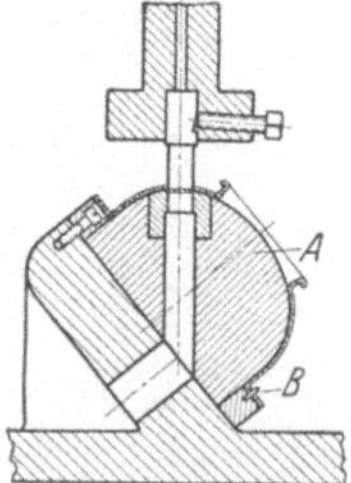

Stufe 10: Lochen des kugelförmigen Mantelteiles.
A Aufnahme, *B* Stellstift.

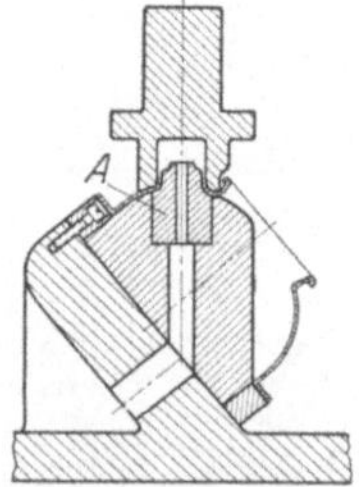

Stufe 11: Hochstellen (Schlagen) des Lochrandes.
A Stempel (ohne Niederhalter).

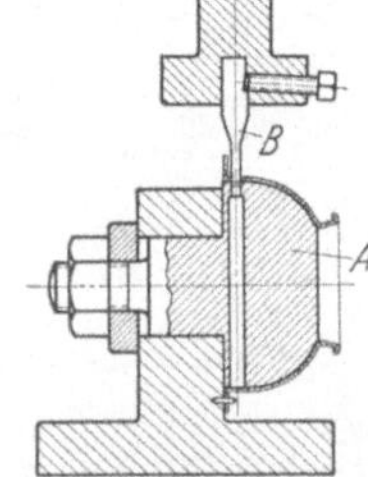

Stufe 12: Lochen des Mantels im zylindrischen Teil.
A Aufnahme, *B* Stempel.

Abb. 44 Schnitt-, Stanz- und Ziehwerkzeuge der einzelnen Fertigungsstufen.

Der erste Fall ist der einfachste, besonders wenn die Werkstücke von Hand zugeführt werden; der zweite Fall erfordert eine völlig selbsttätige Förderung des Werkstücks von Werkzeug zu Werkzeug, die oft nur schwer so zu bewältigen ist, daß sie störungsfrei arbeitet.

Abb. 45. Kopplung von Maschinen durch selbsttätige Fördereinrichtungen zu einem Maschinenzug (*Kircheis*).

Eine Verbindung von Werkzeugen durch selbsttätige Förderung ist auch dann möglich, wenn von einer Werkzeugreihe jedes Werkzeug in eine besondere Maschine eingebaut ist, nur muß das Werkstück dann von einer Maschine zur andern auch selbsttätig gefördert werden. Man spricht in solchen Fällen eher, wenn auch nicht richtiger, von Maschinenverbindung, Maschinenzügen oder Fertigungsstraßen (Abb. 45); der Zweck bleibt immer die Werkzeugverbindung. Die Erweiterung der selbsttätigen Förderung auf die letzte Art verwickelt und verteuert die Förderung sehr, erhöht auch die Maschinenkosten und den Platzbedarf, aber sie erhält die Leistungsfähigkeit der kleinen Presse, so daß in der Zeiteinheit mehr Arbeitsspiele zu erwarten sind. Die Ausnützung des Maschinenparks ist günstiger und der Einfluß der Störungen geringer.

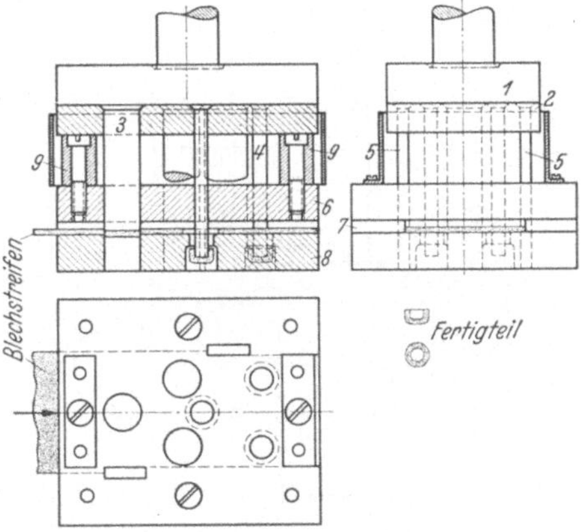

Abb. 46. Mehrfach-Folgewerkzeug zum Schneiden und Ziehen von Näpfchen.
1 Stempelkopf, *2* Stempelplatte, *3* Schnittstempel für die Scheibe, *4* Ziehdorn, *5* Seitenschneider, *6* Abstreifer bzw. Stempelführung, *7* Zwischenlage, *8* Unterteil bzw. Schnitt-Zieh-Platte, *9* Aufschlagleisten.

Welche Verbindung von Werkzeugen die richtige ist, läßt sich nur nach der Aufgabe entscheiden. Ausschlaggebend ist das Ergebnis der in jedem Fall anzustellenden wirtschaftlichen Prüfung.

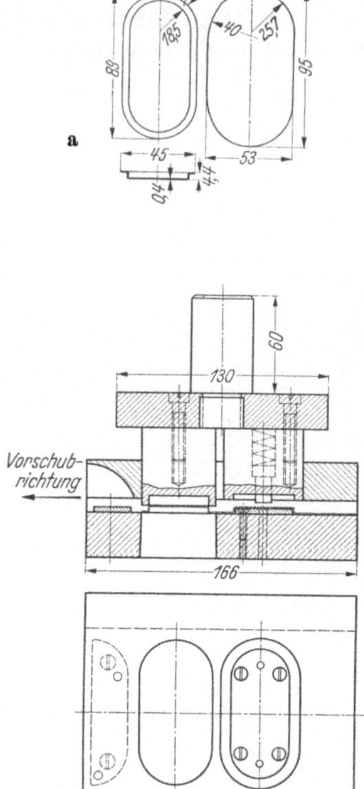

Abb. 47a u. b. Folgewerkzeug zum Formstanzen und Schneiden.

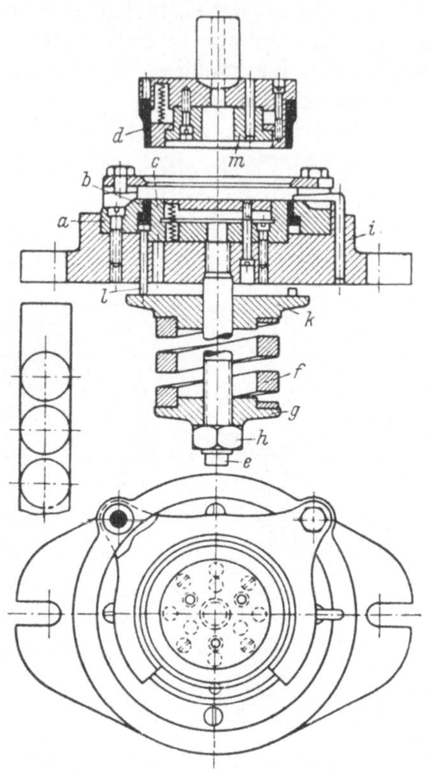

Abb. 49. Verbundwerkzeug zur Erzeugung eines Fassungsreifs durch Schneiden, Ziehen, Schneiden; Niederhalterdruck durch Feder *f*.

a Schnittring, *b* Niederhalter, *c* Ziehdorn und Schnittring für Bodenöffnung, *d* Schnittstempel für Scheibe und gleichzeitig Ziehring, *e* Befestigungsstange für Niederhalterfeder, *f* Niederhalterfeder, *g* u. *k* Druck- u. Gegendruckplatte, *h* Stellmutter, *i* Werkzeug-Unterteil, *l* Druckbolzen, *m* Schnittstempel für Bodenöffnung.

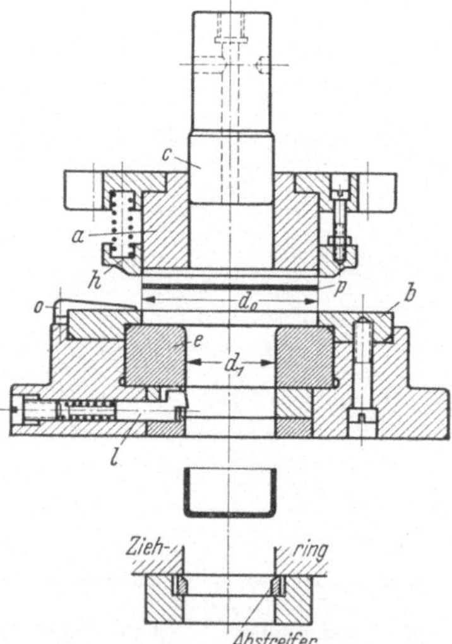

Abb. 48. Verbundwerkzeug zum Schneiden und Ziehen aus Blechstreifen oder Band.

a Niederhalter und Schnittstempel, *b* Schnittring, *c* Ziehstempel, *e* Ziehring, *h* Niederhalter für Blechstreifen bzw. Band, *l* Werkstückabstreifer, *o* Vorschub-Anschlag, *p* Blechscheibe.

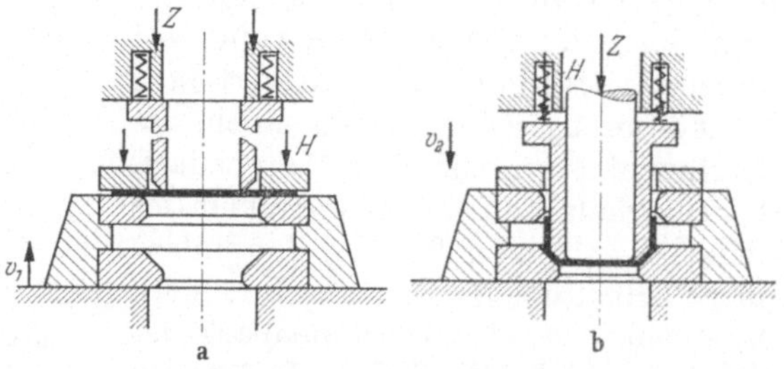

Abb. 50. Verbundwerkzeug für Anschlag und Weiterschlag. Anschlagstempel, über Federn mit dem Niederhalter verbunden, führt Anschlag beim Hochgehen des Tisches (Kurvenscheibenziehpresse) aus und gibt Niederhalterdruck durch Federkraft beim Weiterschlag.

Zu a) *H* Blechhalter, *Z* Ziehstempel, v_1 Tischgeschwindigkeit.
Zu b) *H* Niederhalter, wirksam durch die Federn, *Z* Ziehstempel, v_2 Geschwindigkeit des Ziehstempels *Z*.

14. Folgewerkzeuge. Wenn es sich nur um Werkstücke beschränkter Abmessung handelt und um eine geringe Zahl von Arbeitsgängen, dann kann man die Arbeitsgänge, zur Vereinfachung der Zuführung von einer Arbeitsstelle zur andern, in einem Werkzeug vereinigen, wie die Abb. 46 für Schneiden und Ziehen und Abb. 47a und b für Schneiden und Formstanzen zeigen. Diese Werkzeuge verrichten gleichzeitig zwei Arbeitsgänge an zwei verschiedenen Werkstücken. Zur Bearbeitung eines Werkstücks sind zwei Stößelniedergänge erforderlich; die beiden Arbeitsgänge, die an jedem Werkstück ausgeführt werden, folgen einander.

15. Verbundwerkzeuge. In vielen Fällen können Arbeitsgänge auch so miteinander verbunden werden, daß sie mit dem gleichen Stößelhub ausgeführt werden und daß Werkzeugteile, die den ersten Arbeitsgang ausführen, auch beim nächstfolgenden mitwirken. Auf diese Weise lassen sich nicht nur Anschlag mit Weiterschlag, zwei Weiterschläge, sondern auch Schneiden, Stanzen, Prägen und Ziehen verbinden.

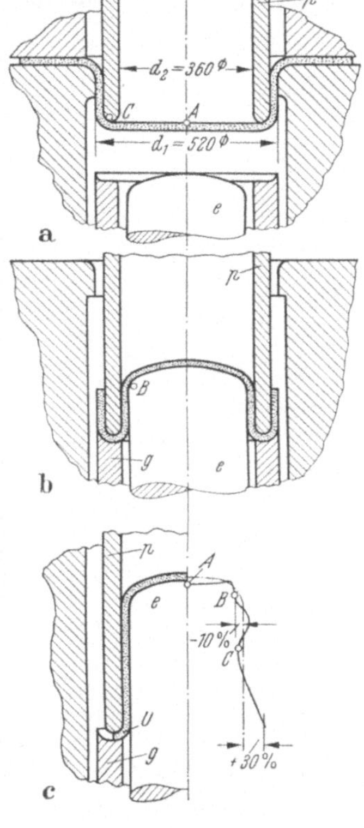

Abb. 51a—c. Verbundwerkzeug für Anschlag und Weiterschlag durch Stülpzug (s. Abb. 36); Betätigung mit dreifachwirkender Ziehpresse oder mit nur einfachwirkender Presse bei Verwendung des doppeltwirkenden Luftkissens der Abb. 53.
p Anschlagziehstempel, zugleich Ziehring für den Weiterschlag, *e* Weiterschlagziehstempel, *g* Niederhalter für den Weiterschlag. *U* Blechrand; das für die Punkte *A*, *B* u. *C* gezeichnete Diagramm gibt die verbleibenden Formabweichungen an.

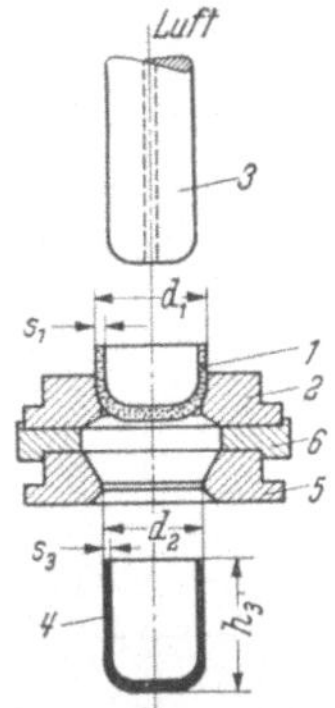

Abb. 52. Verbundwerkzeug für zwei Weiterschläge - Streckzüge -, Doppelzug.
1 Werkstück, *2* erster Ziehring, *3* Ziehstempel, *4* fertiges Stück, *5* zweiter Ziehring, *6* Zwischenstück.

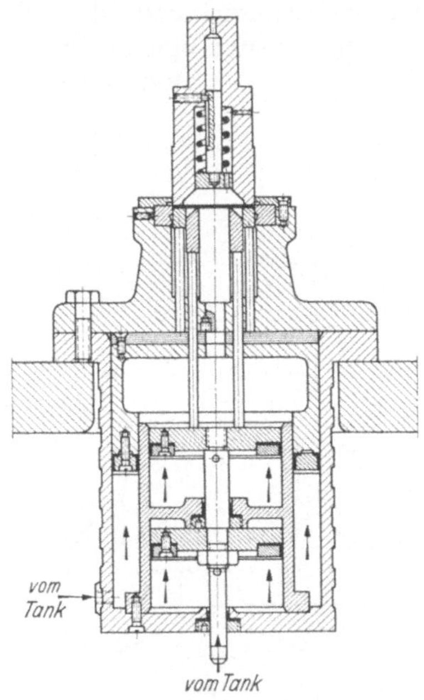

Abb. 53. Verbundwerkzeug für Schneiden, Ziehen, Weiterziehen mit Preßluftniederhalter. Zur Erzeugung des notwendigen Preßluftdrucks bei dem beschränkten Raum sind 2 Preßluftzylinder hintereinander geschaltet (*Weingarten*).

Das einfachste Verbundwerkzeug ist das für Schnitt und Anschlag einer Ziehscheibe für eine doppeltwirkende Ziehpresse, Abb. 48, oder das nach Abb. 39 für eine einfachwirkende. Abb. 49 zeigt eine Verbindung von zwei Schnitten mit dem Anschlag für eine einfachwirkende mechanische Presse, eine Exzenterpresse, die Abbildungen 50 und 51 die Verbindung von Anschlag und Weiterschlag, die Abb. 52 die Verbindung von 2 Weiterschlägen und Abb. 53 schließlich die Verbindung von Schnitt, Anschlag und Weiterschlag für eine mechanische Presse mit doppeltwirkendem, zweigestuftem Luftkissen.

Die Beispiele von Verbundwerkzeugen ließen sich noch beliebig vermehren, der Platzmangel zwingt aber zur Beschränkung der Auswahl.

E. Sonderwerkzeuge, Sonderverfahren.

16. Ausbauchen. Die einfachste Art des Ausbauchens ist das Flanschen, häufig auch „Stauchen" genannt: Ein vorgezogenes Hohlgefäß *a* (Abb. 54) wird mit der Öffnung nach unten in eine Form *b* gesteckt, bis es gegen einen Anschlag schultert. Die zweite Formhälfte, der Stempel *c*, preßt im Niedergang auf den Boden und zwingt ihn, seinen Abstand von der Führung *b*, die ein seitliches Ausweichen der Gefäßwand verhindert, bei gleichzeitiger Vergrößerung des Durchmessers zu verkleinern und den Raum zwischen oberer und unterer Form nach —·—·— auszufüllen.

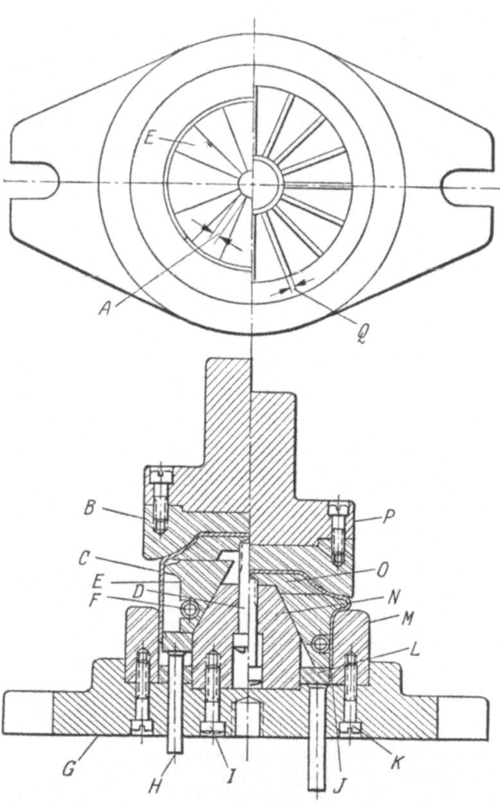

Abb. 55. Werkzeug zum mechanischen Ausbauchen mittels veränderlichen Stempels, dessen Segmente durch Keilwirkung auseinandergetrieben und durch Ringfeder und Federdruckapparat wieder zusammengeschoben werden.
A Segmentbreite innen, *B* Form-Matrize, *C* vorgezogenes Werkstück, *D* Halte- und Führungsschraube, *E* Stempelsegment, *F* Spiral-Ringfeder, *G* Grundplatte, *H* Druckbolzen, *I* Befestigungsschraube, *J* ausgebauchtes Werkstück, *K* Befestigungsschraube, *L* Druckring, *M* Werkstückführung, *N* Spreizkegel, *O* Kopfplatte, *P* Matrizen-Aufnahme, *Q* Spalt der Segmente in Aufbauchstellung.

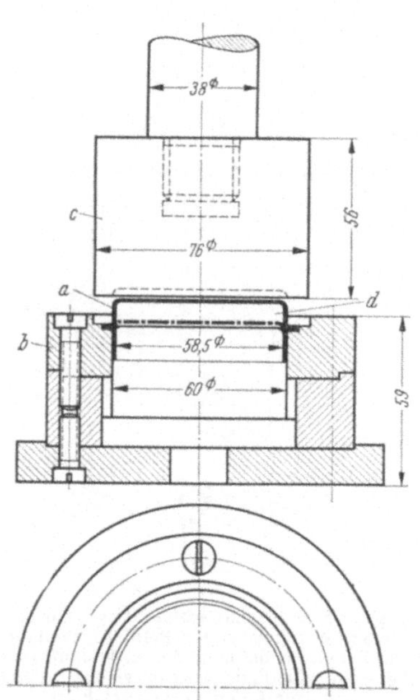

Abb. 54. Stauch- oder Flanschwerkzeug.
a Werkstück, eingelegt, *b* Formring, *c* Formkopf, *d* Werkstück gestaucht (geflanscht).

Eine andere Art rein mechanischen Ausbauchens mit Hilfe von Keilwirkung zeigt Abb. 55. Der Keil (Kegelstumpf) treibt beim Niedergang des Stößels 16 durch Federkraft zusammengehaltene Stempelsegmente auseinander und zwingt sie zur Ausbildung der verlangten Form. Die so erreichte Spreizwirkung läßt sich einfacher mit Hilfe von Gummi erreichen nach Abb. 56, in der der Gummiring unter dem Stempeldruck gezwungen wird, die Gesenkform auszufüllen. Gummi kann auch allein die ganze Ausbaucharbeit leisten, Abb. 57. In solchen Fällen kann er aber auch durch andere Mittel ersetzt werden, die eine leichte Lageänderung erlauben, z. B. eine Kugelfüllung, oder aber durch eine Flüssigkeit, Wasser, Öl oder Glyzerin, Abb. 58. Die Flüssigkeit erweitert den Bereich des Ausbauchens; nach Abb. 59 lassen sich gleichzeitig zwei Ausbauchungen an einem Gefäß ausbilden und nach Abb. 60, der HUBER-Pressung, können im Rahmen der Dehnungsfähigkeit des verwendeten Blechs beliebige Ausbauchungen vorgenommen werden.

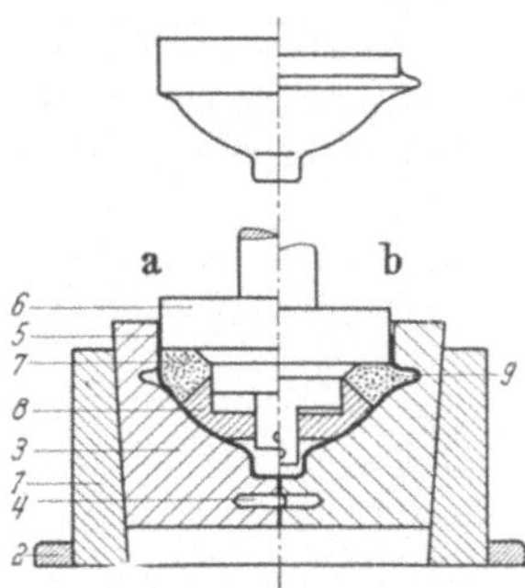

Abb. 56. Ausbauchwerkzeug wie Abb. 55, aber mit Gummipressung an Stelle mechanischer Spreizung.

1 Werkzeugaufnahme; *2* Einspannring an *1* angeschweißt; *3* zur Entnahme des Fertigstücks geteiltes Gesenk, durch Konus in *1* mittig gelagert; *4* Zentrierstift für die Gesenkhälften; *5* vorgezogenes Werkstück; *6* Preßstempel mit Gummiring *7*, gehalten durch Druckring *8*; *9* fertig geformtes Werkstück, ein Deckel. *a* vor, *b* nach dem Flanschen.

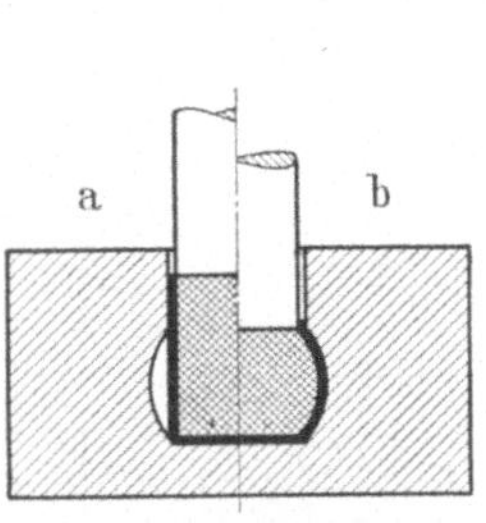

Abb. 57. Einfaches Ausbauchen eines gezogenen Hohlgefäßes durch Gummi mit einfachwirkender Kurbelpresse.

a Arbeitsbeginn, *b* Arbeitsende.

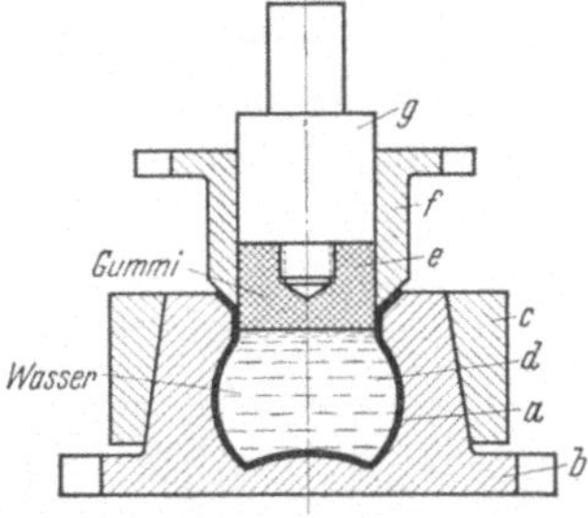

Abb. 58. Ausbauchen durch Flüssigkeit mit einer doppeltwirkenden mechanischen Ziehpresse.

a Geformtes Gefäß, *b* Form (geteilt), *c* Ring zum Zusammenhalten der geteilten Form, *d* Flüssigkeit, *e* Preßstempel aus Gummi, *f* Niederhalter, *g* Stempelkopf.

Bei der HUBER-Pressung wird das Werkzeug, nachdem der Raum zwischen dem Gummisack und dem vorgezogenen Werkstück einerseits und der Raum zwischen dem Werkstück und der Innenwand des Werkzeugs andererseits, durch eine Luftpumpe auf ein möglichst hohes Vakuum gebracht worden ist, mit anderen ebenso

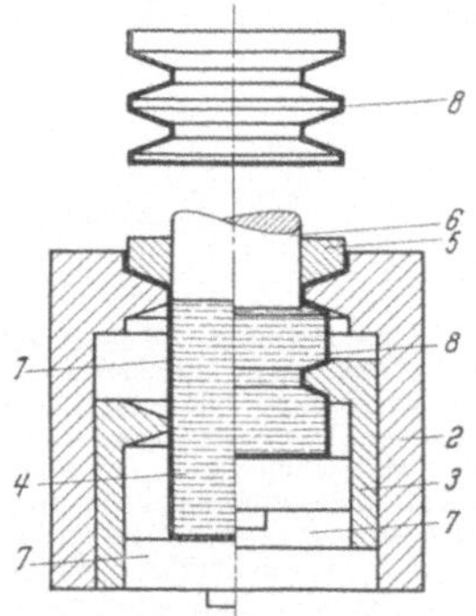

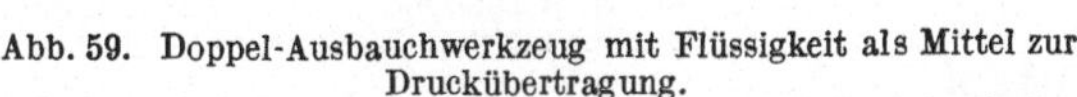

Abb. 59. Doppel-Ausbauchwerkzeug mit Flüssigkeit als Mittel zur Druckübertragung.

1 vorgezogenes Gefäß; *2* feste Gesenkform und Werkstückaufnahme; *3* beweglicher Formstempel, mit fortschreitender Ausbauchung seine Stellung in axialer Richtung selbständig verändernd; *4* Preßflüssigkeit, bevorzugt Glyzerin; *5* Deckelring zur Verankerung des Werkstücks während der Ausbauchung und zur Druckaufnahme; *6* Preßstempel zur Regulierung der Füllung; *7* Druckstempel von unten nach oben wirkend, die Umformung einleitend und beherrschend; Betätigung zweckmäßig mit einer dreifachwirkenden Ziehpresse.

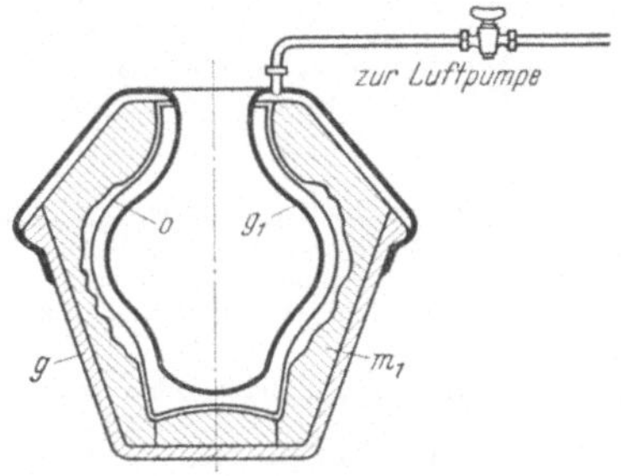

Abb. 60. Ausbauchen durch Flüssigkeitsdruck nach vorheriger Entfernung der Luft zwischen Werkstück und Form (*Huber-Pressung*).

o vorgeformtes Gefäß, *g* Werkzeugaufnahme, g_1 Gummiblase, m_1 geteilte Form.

vorbereiteten Werkzeugen zusammen in einen mit einer Druckflüssigkeit gefüllten Behälter gestellt, der nun unter sehr hohen Druck gesetzt wird, unter dem das dünne, weiche Blech des Werkstücks zum Fließen gezwungen wird, wobei es sich den in die Werkzeug-Innenwand eingearbeiteten Formen anpaßt. Auf diese Weise lassen sich nicht nur beliebige einfache Ausbauchungen, sondern auch feinste und wertvolle Verzierungen auf wirtschaftliche Weise ausbilden.

17. Verstärkung der Gefäßwand. Das Hohlgefäß *A* (Abb. 61) muß an der Mündung verstärkt sein, damit ein Gewinde aufgeschnitten werden kann. Die Erzeugung der Verstärkung ist eine Verbindung von Zieh- und Preßarbeit. Die zur Verstärkung notwendige Werkstoffmenge wird während der Züge (Abb. 61 *C* und *D*) durch geeignete Ausbildung der Ziehdorne bei deren Rückgang möglichst nahe an die Mündung gebracht und dann bei ganz geringer Durchmesserabnahme mit dem abgebildeten Werkzeug in zwei Arbeitsgängen (*B* und *A*) auf einer Exzenterpresse in die gewünschte Form gepreßt.

Der Ziehstempel *a* ist gegenüber der Kopfplatte *p* so stark gefedert, daß er das vorgezogene Gefäß in den Unterteil hineinzieht, bis es im Grund aufsteht. Nun gibt er gegen die Feder *f* nach; der Stößel geht aber mit der Kopfplatte *p* und dem Preßstempel *b* tiefer, stößt gegen den oberen Gefäßrand und zwingt ihn, den vom Ziehstempel *a*, dem Preßstempel *b* und dem Formring *c* gebildeten Hohlraum auszufüllen.

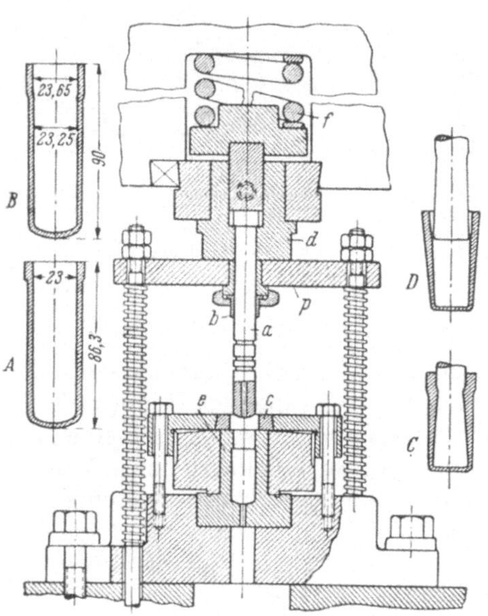

Abb. 61. Werkzeug für Ziehen und Stauchen. *a* Ziehdorn, *b* Stauchstempel, *c* Stauchring, *d* Stempelkopf, *e* Hülsenaufnahme, *f* Druckfeder, *p* Führungsplatte. *A*, *B*, *C*, *D* Fertigungsstufen.

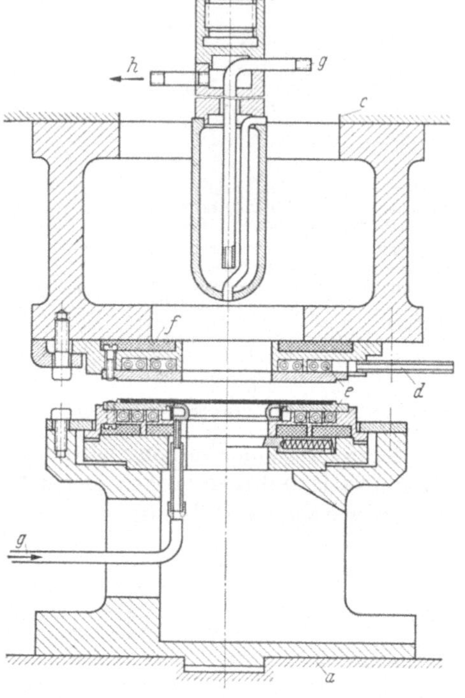

Abb. 62. Ziehwerkzeug zur Umformung schwerziehfähiger Leichtmetallegierungen mit elektrisch beheizten Niederhalte-Flächen und gekühlter Ziehkante, sowie gekühltem Ziehstempel. Die Konstruktion erhält die ursprüngliche Festigkeit des Ziehblechs an der Bodenkante des Napfes und erleichtert die Umformung der unter dem Niederhalter liegenden Fläche durch die von der Erwärmung hervorgerufene Erweichung.
a Pressentisch, *b* Stößelkopf, *c* Niederhalter, *d* Stromanschluß, *e* elektr. Heizkörper, *f* Wärmeschutzmasse, *g* Kühlwassereintritt, *k* Kühlwasseraustritt.

18. Tiefziehen bei erhöhter Temperatur. Mit steigender Temperatur werden alle Metalle weicher, ihre Festigkeit nimmt ab und ihre Dehnungsfähigkeit gleichzeitig zu. Daraus ergibt sich folgerichtig, daß eine Umformung in höheren Temperaturbereichen leichter ist als bei gewöhnlicher Raumtemperatur. Voraussetzung ist allerdings, daß die Temperatur nicht zu einer Erweichung der Werkzeuge führt, die die Umformung erzwingen sollen, so daß der Temperaturbereich unterhalb von etwa 450° C bleiben muß. Die Erhöhung des Temperaturbereiches über die Raumtemperatur hinaus hat deshalb seine besten Erfolge bei der Verarbeitung von

Leichtmetallegierungen aufgewiesen, insbesondere solchen, die sich bei Raumtemperatur spanlos gar nicht oder doch nur schlecht umformen lassen.

An sich genügt es, wenn die erhöhte Temperatur an der umzuformenden Ziehscheibe hervorgerufen wird und an dieser wiederum möglichst nur in den zur Umformung bestimmten Zonen, wie es beim Drückverfahren leicht erreicht wird.

Bei Tiefzügen mit den dazu erforderlichen Werkzeugen läßt sich die örtliche Erwärmung schwieriger durchführen. Es war deshalb versucht worden, die umzuformenden Scheiben in einem Ofen zu erwärmen und warm in das Werkzeug zu bringen. Das Verfahren hat aber bei dünnen Blechen nicht befriedigt, weil die Temperaturschwankungen zu groß geworden sind und sich auch die Erwärmung der ganzen Fläche als ungünstig erwiesen hat.

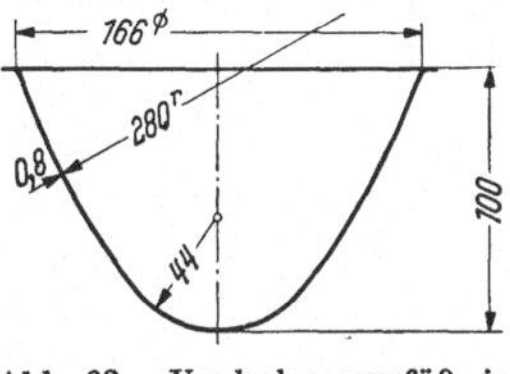

Abb. 63. Umdrehungsgefäß in parabolischer Form-Reflektor.

Man ist deshalb bald dazu übergegangen, Ziehring und Niederhalter durch Brenner oder elektrische Bänder zu erwärmen, die dann in kurzer Zeit die erforderliche Wärme auf die zwischen Niederhalter und Ziehring befindliche, umzuformende Fläche der Ziehscheibe übertrugen. Sehr gut bewährt hat sich die Werkzeugausführung nach KOSTRON, Abb. 62, bei der Ziehring und Niederhalter beheizt, die Ziehkante und der Ziehstempel aber gekühlt werden. Mit dem Werkzeug sind nicht nur die erhofften Zieherleichterungen bei Leichtmetallegierungen (Si, Mg) erreicht, sondern auch bei Reinaluminium eine Steigerung der Formänderungsfähigkeit um etwa 35% möglich geworden.

In neuerer Zeit hat eine belgische Maschinenfabrik eine hydraulische Presse in Sonderausführung gebaut, die die Durchführung der erforderlichen Erwärmung erleichtern soll [*15*].

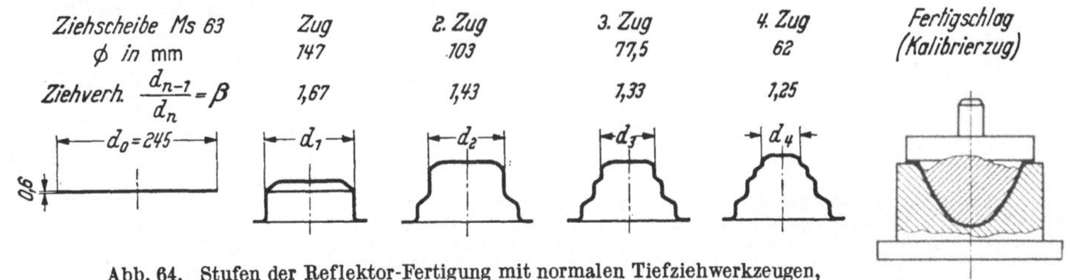

Abb. 64. Stufen der Reflektor-Fertigung mit normalen Tiefziehwerkzeugen, 4 Tiefzüge und ein Kalibrierzug.

19. Nichtzylindrische Umdrehungsgefäße (Kegelstumpf, Halbkugel und Parabolische Form). a) Von der zylindrischen Form abweichende Formen, wie die parobolische Form eines Lampenreflektors, lassen sich mit dem gewöhnlichen Tiefziehverfahren nicht in einem Arbeitsgang erstellen, auch wenn die Ziehtiefe nicht allzu hoch ist und bei zylindrischer Form keine Überschreitung der Ziehgrenze verursachen würde. Das übliche Ziehverfahren würde für die Erstellung des Reflektors nach Abb. 63 5 Ziehstufen erfordern, wenn Faltenbildung vermieden werden muß (Abb. 64). Dabei ließe sich eine Markierung der Ziehstufen im Blech nicht vermeiden, die die anschließende Polierarbeit beeinträchtigen und erschweren müßte.

Die Erschwerung des Tiefzuges durch die Form ergibt sich aus der großen, nicht unter Niederhalterdruck stehenden Teilfläche der Ziehscheibe zwischen Ziehstempelspitze und Ziehkante, Abb. 65. Diese Teilfläche müßte frei gebogen bzw. umgeformt werden, bis sie am Stempel zur Anlage kommt und diese Umformung ist so groß, daß sich Falten bilden müssen, Abb. 66.

BERGER hat richtig erkannt, daß das Fehlen der Niederhalterwirkung auf der Teilfläche bei Beginn des Tiefzugs als Fehlerursache anzusprechen ist und zur Abhilfe ein Ziehwerkzeug mit veränderlichem Ziehstempel gebaut. Der Ziehstempel ist nicht mehr starr, sondern trägt an seinem unteren, die Form bildenden Teil (in der Abbildung oberen) einen flüssigkeitsgefüllten Gummisack (öl- und reibfestes Buna), Abb. 67a [5].

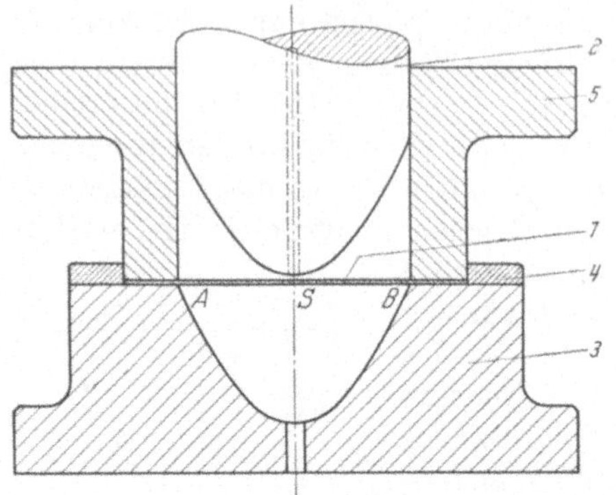

Abb. 65. Darstellung der nicht geführten Ziehscheibenfläche bei einem normalen Tiefziehwerkzeug zur Fertigung der parabolischen Form in einem Zug.
1 Blechscheibe, *2* Ziehstempel, *3* Matrize, *4* Schnittring, *5* Schnittstempel, zugleich Blechhalter.

Dieser Gummisack legt sich zunächst praktisch eben auf die Ziehscheibe und verringert so die freie, nicht geführte Teilfläche der Ziehscheibe auf das für das gewöhnliche Tiefziehen zulässige Maß. Abb. 67b u. c zeigen, wie der Verlauf der weiteren Formung von außen, dem Ziehring an, nach innen geht, so daß immer ein schmaler Ziehspalt eingehalten wird.

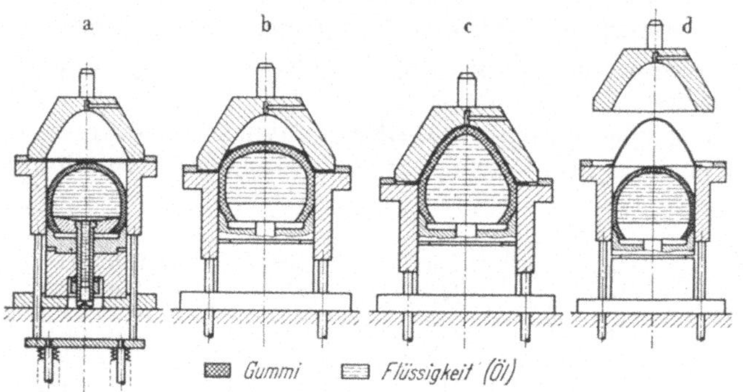

Abb. 67. Ziehen der parabolischen Form in einem Zug mit Universalstempel, hergestellt durch flüssigkeitsgefüllten Gummisack (Glyzerin). Der Universalstempel, der vom Niederhalter geführt wird, legt sich beim Beginn der Umformung, Abb. 67a, flach gegen die Ziehscheibe und sorgt so dafür, daß die Umformung unmittelbar an der Ziehkante beginnt, wie bei einem zylindrischen Zug, überbrückt also die beim starren Werkzeug, Abb. 65, vorhandene freie, nicht geführte Fläche.

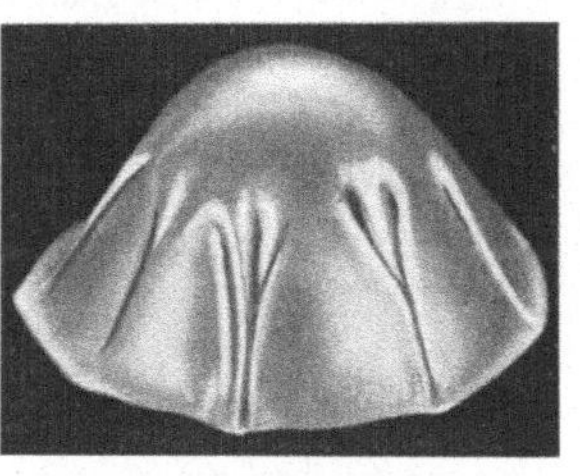

Abb. 66. Faltenbildung beim Zug nach Abb. 65.

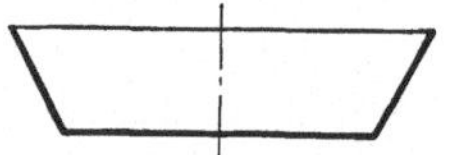

Abb. 68. Kegelstumpfform mit einfachen Werkzeugen ohne Falten nicht ziehfähig.

Wenn die Ziehscheibe mit flüssigem Talg bestrichen wird, hält der Gummisack rund 10000 Tiefzüge aus bei einem Ziehdruck von 20 ··· 30 t, bei dem ein Innendruck von 100 ··· 150 at erzeugt wird.

Das Verfahren ist zweifellos geeignet, bei allen ähnlichen Gefäßen Ziehschwierigkeiten zu beseitigen.

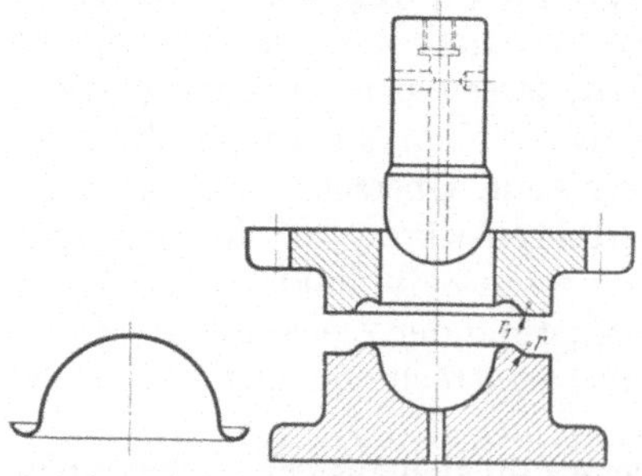

Abb. 69. Werkzeug für Halbkugelformung mit Wulstkante.

b) Bei Kegelstumpf und Halbkugel, Abb. 68 und 69 treten aus den gleichen Gründen wie bei der parabolischen Form Ziehschwierigkeiten auf. Ohne Zweifel ließen sie sich durch die Anwendung des Gummisacks beheben; es wurde aber schon vor Jahren ein rein mechanisches Verfahren gefunden, das die Faltenbildung einfach und sicher verhütet. Langwierige Versuche haben zur Ausbildung einer wulstförmigen Ziehkante geführt, Abb. 69, die den Beginn der Umformarbeit an die Außenkante der Ringwulst legt. Man muß sich das so vorstellen, daß der Niederhalter, der das Ziehblech über den Wulstring gegen die Matrize drückt, dabei einen Anschlagzug ohne Niederhalter ausführt mit dem äußeren Durchmesser des Wulstringes. Die Ausbildung der Kugelform erfolgt anschließend als Weiterschlag und zwar als Stülpzug. Das Blech ist infolgedessen schon bei Beginn der Halbkugelausbildung im Fließzustand; die Wulst aber läßt immer nur so viel Werkstoff in die Ziehform eintreten wie unbedingt erforderlich ist, regelt also die Eintrittsgeschwindigkeit des Blechs in die Ziehöffnung auf die günstigste Weise.

Die Ausbildung des Ziehwulstes braucht nicht unmittelbar an der Ziehöffnung vorgenommen zu werden. Sie kann auch von der Ziehöffnung abliegen und durch eingesetzte Leisten, „Ziehleisten", gebildet werden, die entweder in der Matrize erhaben und im Niederhalter vertieft liegen, oder umgekehrt. Die Anbringung der Ziehwulst unmittelbar an der Ziehöffnung hat den Vorteil, daß der Blechverlust, der durch die Ziehwulst verursacht wird, klein bleibt. In vielen Fällen läßt sich die Wulst auch zur Ausbildung von Verstärkungsrollen an der Gefäßöffnung günstig verwenden.

Was für die Halbkugelform gilt, gilt in gleicher Weise für alle Gefäßformen, die dem Boden zu verjüngt sind, insbesondere für Kegelstumpfformen, Abb. 68. Bei diesen wird der Boden besser eben, weil das Blech über die Wulst gespannt wird, als beim gewöhnlichen Tiefziehverfahren, wichtig z. B. für Bratpfannen für elektrische Kochplatten.

20. Ziehteile mit beliebigem Umriß und unebenen gestuften Böden. Besonders große Bedeutung hat die Ziehwulst oder Ziehleiste bei der Fertigung großflächiger, nicht zylindrischer, wenn auch häufig seichter Ziehteile gewonnen, wenn diese einen unebenen, stark abgesetzten, gestuften Boden bekommen müssen und schiefe, gerade oder gewölbte Seitenwände. Solche Teile sind im *Karosserie- und Flugzeugbau* immer anzutreffen. Die ungleichen Erhöhungen des Bodens verursachen Ungleichheiten in der Blechbeanspruchung sowohl der Zeit nach, — die höchste Erhebung des Ziehstempels erreicht das Ziehblech zuerst —, als auch dem Grad nach. Die ungleiche Blechbeanspruchung am Beginn der Umformung verursacht Ungleichheiten in der Formänderungsgeschwindigkeit; gering beanspruchte Blechzonen fließen schneller und leichter in die Ziehöffnung als höher beanspruchte Blechzonen. Der ungleiche Blechfluß verursacht Falten.

Abhilfe ist dann erreicht, wenn durch Erhöhung des Niederhalterdrucks in den Blechzonen geringer Beanspruchung der Werkstofffluß am ganzen Umfang praktisch gleichmäßig schnell verläuft. Diese örtliche Erhöhung des Niederhalterdrucks ist durch die Anbringung von Ziehleisten zu erreichen, Abb. 69, 70a, b. Kommt man dabei mit einer Ziehleiste nicht zum Ziel, so setzt man eine zweite oder gar eine dritte, Abb. 70a, b.

Ziehwulsten gibt man eine Rundung wie einer gewöhnlichen Ziehkante, arbeitet also mit einem Halbmesser von $r = 5\,s_0$ mm. Damit wird die Breite einer Ziehleiste, die durch Schrauben mit den Ziehwerkzeugteilen verbunden wird, $b = 10\,s_0$ mm.

Die Zonen geringer Beanspruchung sind nicht immer von vornherein mit genügender Sicherheit zu erkennen. Aus diesem Grund wird die endgültige Stellung und die endgültige Zahl der Ziehleisten oft nur durch Versuche festzustellen sein.

In Abb. 70b ist auch eine Maßnahme zur Erleichterung der Ausbildung von Vertiefungen in der Bodenfläche eines Ziehteils zu erkennen. Derartige Vertiefungen sind in Wirklichkeit Ansätze zu Weiterschlägen im Stülpzugverfahren. Die Ausbildung solcher Vertiefungen ist dann schwierig, wenn das Blech während ihrer Ausbildung noch unter dem Niederhalter und über der Ziehleiste liegt und das zur Formung erforderliche Blech von außen herangeholt werden soll. In diesem Fall müßte es wiederholt über Ziehkanten gleiten, also außerordentlich stark beansprucht werden; in den meisten Fällen so stark, daß es an den Stellen stärkster Beanspruchung einreißen würde. Wenn es die Form und die Verwendung des Ziehstücks erlauben, holt man in solchen Fällen das zur Ausbildung der Vertiefung notwendige Blech nicht von außen, sondern von innen. Dazu muß vor der Umformung eine Öffnung in die Ziehscheibe geschnitten werden, die so groß wie möglich gewählt wird, weil die Blechzone, die zur Ausbildung der Bodenvertiefung bestimmt ist, dabei nur auf Dehnung beansprucht wird, die zur Vermeidung des Einreißens möglichst klein gehalten werden muß.

Bei seichten Formteilen werden Ziehleisten auch eingesetzt, um eine so starke Beanspruchung des Ziehblechs zu erreichen, daß es in allen Teilen über die Fließgrenze hinaus beansprucht wird, so daß die Rückfederung weitgehend unterbunden wird, die ausgebildete Form „steht" [*7*, *15*].

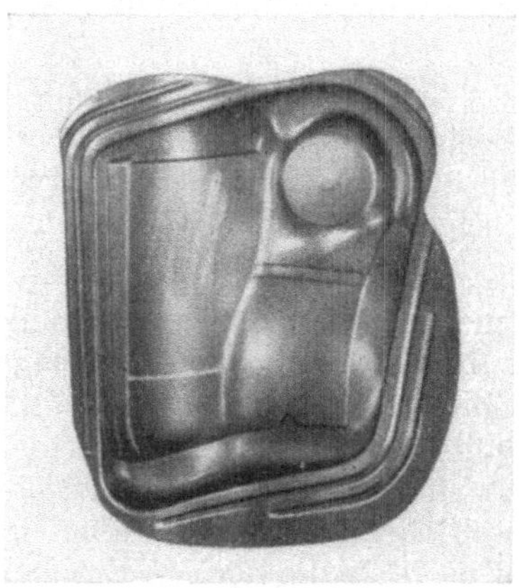

Abb. 70a. Halbe Frontverkleidung.

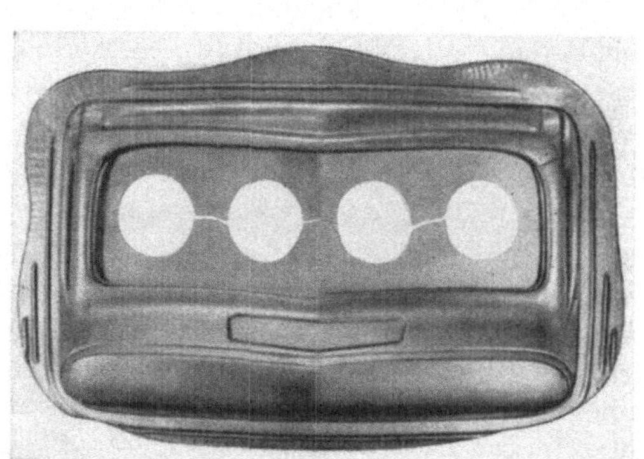

Abb. 70b. Unbeschnittenes Windschutzteil mit ausgerissenen Spannungsentlastungslöchern nach dem Ziehen.

21. Umformung mit Universalmatrizen. a) Gummi- (Koffer-) Preßverfahren nach GUÉRIN. Werkzeuge für großflächige spanlos zu formende Blechteile, wie sie in Abschnitt 20 angenommen worden sind, erfordern einen außerordentlichen Aufwand von Werkstoff und Arbeitszeit, der nur tragbar ist, wenn wirklich große Serien zu planen und zu fertigen sind. Große Serien sind aber in der Automobil-Industrie nicht immer möglich, gar nicht in der Flugzeuginstrie, die wegen der stürmischen Entwicklung, die sie erlebt hat und noch immer erlebt, gezwungen ist, schnell neue Formen zu finden und zu fertigen. Es war daher ein dringendes Bedürfnis, ein Fertigungsverfahren zu finden, das dieser Forderung Rechnung tragen konnte, also geeignet war, die Werkzeugfertigung, von der alles abhing, zu vereinfachen und zu beschleunigen.

Ein solches Verfahren ist das *Streckziehen*, bei dem nur mit einem Formstempel gearbeitet wird, die Gegenform, die Matrize, aber entfällt. Das der gewünschten Endform entprechend zugeschnittene Blech wird an den beiden Schmalseiten fest eingespannt und dann von unten her gegen das Blech ein, einenFormstempel tragender, Ziehstößel bewegt — meist hydraulisch —, der das Blech unter so starke Zugspannung setzt, daß es zum Fließen kommt und gezwungen ist, sich über den Formstempel zu legen und sich an ihm anzuschmiegen, Abb. 71A, B. Bei dem Formänderungsverfahren, das an anderer Stelle [*20*] ausführlich besprochen worden ist, ist die Formänderungsgeschwindigkeit gering und der Werkstoffbedarf infolge des „Einspannverlustes“ so groß, vor allem aber der Anwendungsbereich so beschränkt, daß es als Fertigungsverfahren nicht voll befriedigen konnte. Es ist aber als brauchbares Behelfsverfahren anerkannt und erhalten.

Die Einführung einer Universalmatrize durch Guérin beseitigte die Nachteile des Streckziehverfahrens. Diese Universalmatrize, Abb. 72, wird durch einen Quader aus weichem bis mittelhartem Gummi gebildet, wie er schon zu Ausbaucharbeiten mit Erfolg verwendet worden ist, Abschn. 16. Gummi hat

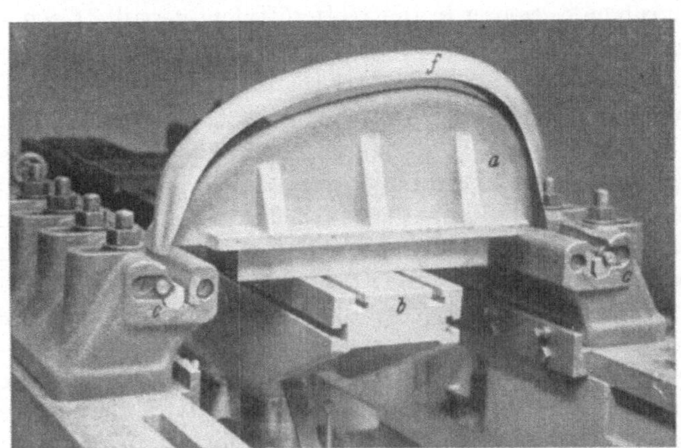

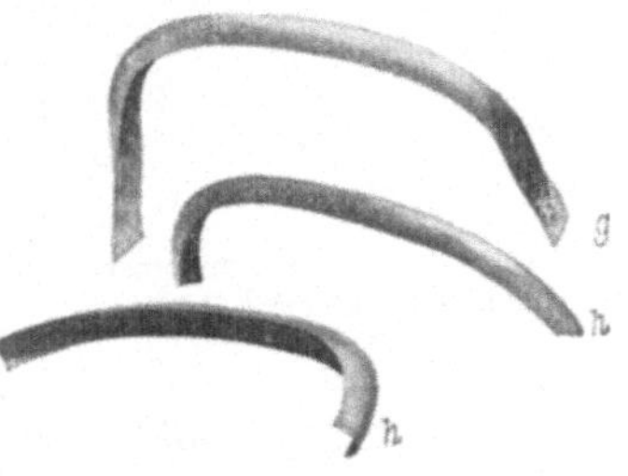

A B

Abb. 71 A u. B. Streckziehpresse. *a* Holzstempel, *b* hydraulisch bewegter Maschinenstößel, *c* Einspannzangen, *f* Werkstück am Ende der Formung, *g* Werkstück der Maschine entnommen, geformt, *h* Werkstück auf Endform beschnitten. Schneidarbeit ist als Nacharbeit bei allen auf der Streckziehpresse geformten Werkstücken erforderlich. Das zu formende Blech wird zunächst auf einer Seite in die Zangen gespannt, über den in seiner tiefsten Stellung befindlichen Stößel gebogen und auf der zweiten Seite in den Zangen festgespannt. Nun wird die Maschine eingerückt, der Stößel hydraulisch nach oben bewegt, bis er seine Endstellung erreicht und die Formung beendet hat.

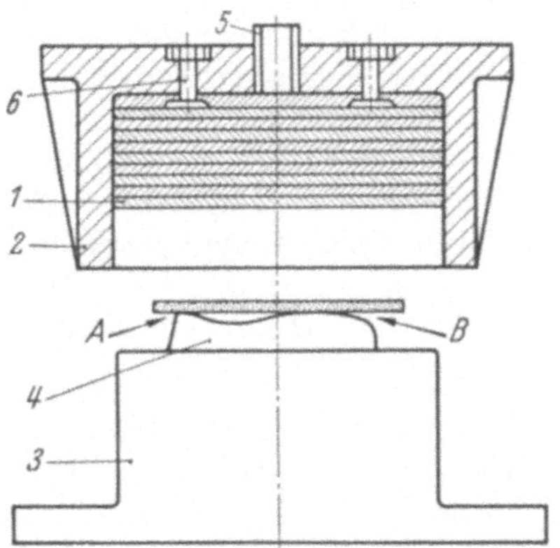

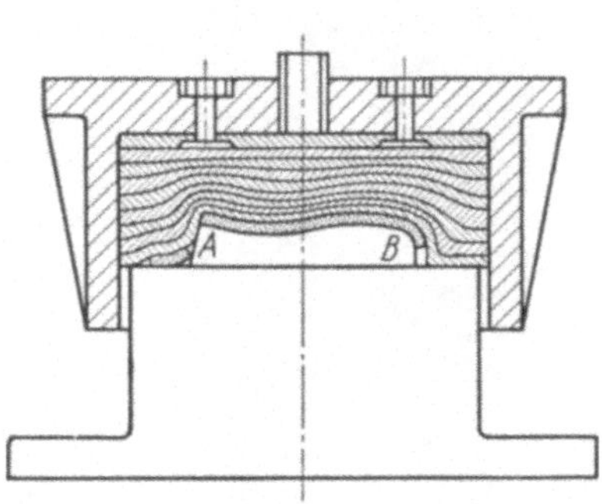

Abb. 72. Abb. 73.

Abb. 72 u. 73. Gummikoffer mit Werkzeug zum Schneiden *A* und Formen *B*.
1 Gummiblock; *2* Koffer; *3* Gegenplatte; *4* Form- und Schnittstempel; *5* Einspannzapfen; *6* Schrauben zur Befestigung des auf einer besonderen Platte *7* aufgeklebten Gummiblocks im Koffer.

ähnliche mechanische Eigenschaften wie Flüssigkeiten; seine Elemente lassen sich leicht gegeneinander verschieben, er ist inkompressibel und leitet den auf ihn ausgeübten Druck nach allen Richtungen in gleicher Höhe weiter. Um ihn zur Arbeit zu zwingen, muß er in ein Gehäuse eingesperrt werden, Abb. 72, das Koffer genannt wird. Der Koffer, der in der für eine Matrize üblichen Weise an dem Stößelschlitten einer, gewöhnlich hydraulisch betriebenen, einfach-wirkenden Presse oder einem

Fallhammer befestigt und mit diesem bewegt wird, umschließt den Gummiquader, Gummikissen genannt, das bis zu einer Höhe von

$$H \geq 50 \sqrt{h} \ (h = \text{größte verlangte Umformtiefe})$$

aus 20···40 mm dicken, lose geschichteten oder verleimten Gummiplatten aufgebaut wird so, daß nur die untere Fläche frei bleibt, Abb. 72. Während der Umformung wird auch diese Fläche durch eine auf dem Pressentisch ruhende, genau in die Kofferöffnung gepaßte Gegenplatte geschlossen, so daß der Gummiquader während der Umformung allseitig eingesperrt ist, Abb. 73.

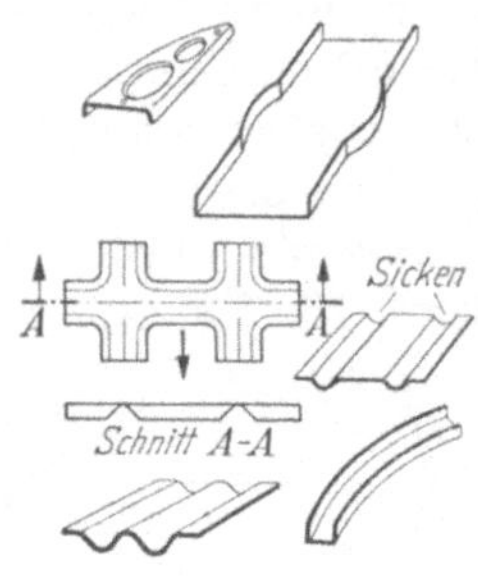

Abb. 74. Teile, die mit einem Gummikoffer als Universalmatrize geformt sind.

Auf der Gegenplatte wird je nach Größe des zu erstellenden Werkstücks ein Formstempel oder werden mehrere Formstempel durch Stifte oder ein anderes geeignetes Verfahren befestigt, bis die Plattenfläche voll ausgenützt ist. Es können im letzten Falle Stempel gleicher oder beliebig verschiedener Form sein. Wenn nun auf die Stempel die entsprechenden Blechzuschnitte aufgelegt sind, kann die Presse eingerückt werden. Der Gummikoffer geht mit dem Pressenstößel nieder, wird durch die Gegenplatte verschlossen, die Unterseite des Gummiquaders legt sich auf die Zuschnitte und bei weiterem Niedergang wird durch den hohen Pressendruck der Gummi gezwungen, den Hohlraum zwischen Koffer, Stempel und Gegenplatte voll und dicht auszufüllen Abb. 73. Dabei wird das Blech gezwungen, sich um die Formstempel zu legen und deren Form anzunehmen, um so genauer, je größer der ausgeübte Enddruck gewählt wird, Abb. 74.

Abb. 75. Hydraulische Presse mit hydraulisch ausfahrbarem Tisch für Gummikofferpressungen. *(Becker & van Hüllen, Krefeld.)*

Der Enddruck muß sehr hoch sein. Da er im Gummikoffer nach allen Seiten gleich groß ist, muß der Koffer so fest gebaut sein, daß er den Druck, der in der Regel mit 200 kg/cm² angesetzt wird, ohne Bruchgefahr aufnehmen kann. Er kann stark verrippt gegossen oder in Schweißkonstruktion, erforderlichenfalls durch Schrumpfringe oder Drahtseile verstärkt, gefertigt sein.

Der Universalmatrize kann jede Größe gegeben werden; sie ist bisher praktisch aber nur für sehr große Blechteile zum Einsatz gekommen, Teile von einer Fläche bis 10 m², zu deren Ausbildung Pressen mit einer Druckleistung bis 10 000 t erforderlich sind. Pressen solcher Leistungen sind sehr teuer und so gilt das Gummipreßverfahren grundsätzlich als ein teueres Verfahren. Es fordert, daß die Pressen so gut als möglich zur Umformung ausgenützt werden durch Vermeidung von Nebenzeiten, wie sie die Beschickung verursacht, insbesondere, wenn eine große Zahl von Stempeln gleichzeitig aufgebaut sind. Dieser Forderung tragen Pressen Rechnung, bei denen die Gegenplatte ausziehbar und austauschbar ist, so daß die Beschickung einer zweiten Platte vorgenommen werden kann, während die Umformung mit der ersten ausgeführt wird, Abb. 75.

Nicht nur die Pressen sind teuer, auch die Koffer und der starkem Verschleiß unterworfene Gummi, die zusammen ein Gewicht von mehreren Tonnen haben. Der Gummi kann allerdings immer wieder ergänzt oder — lagenweise — ersetzt werden [*17*].

b) Universale Tiefziehmatrize „Marform". Die Feststellung, daß das Gummi-Koffer-Preßverfahren dem Ziehen mit einfachen Ziehwerkzeugen, Abschn. 7, entspricht und umformmäßig ebenso begrenzt ist, wie dieses, hat folgerichtig zu dem Gedanken geführt, daß die Anwendung einer Universalmatrize aus Gummi dadurch auf wirkliche Tiefzüge ausgedehnt werden kann, daß man die Gegenplatte nicht starr auf den Tisch der Presse auflegt, sondern wie einen Niederhalter an einfachen Pressen durch ein Preßluftkissen oder ein hydraulisches Kissen beweglich, also zu einem richtigen Niederhalter macht, Abb. 76.

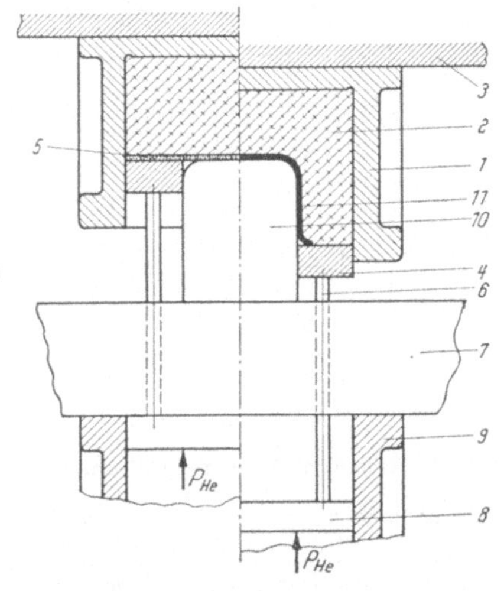

Abb. 76. Marform-Werkzeug für Tiefzüge mit Gummikoffer als Universalmatrize und hydraulischer Niederhaltung.

1 Koffer mit Gummiblock *2*; *3* Pressenstößel; *4* Niederhalter; *5* Ziehscheibe; *6* Druckstangen; *7* Pressentisch; *8* Kolben des hydraulischen Kissens; *9* Gehäuse des hydr. Kissens; *10* Ziehstempel; *11* gezogener Topf. *a* Stellung beim Beginn, *b* am Ende der Umformung.

Der Vorteil des Marformverfahrens gegenüber dem gewöhnlichen Tiefziehverfahren liegt zunächst darin, daß eine individuell geformte Matrize erübrigt wird, besonders wichtig bei eckigen und unsymmetrischen Werkstücken, geformten, stark abgesetzten Böden, und dann darin, daß Unterschiede in der Blechdicke ohne Einfluß sind, so daß das Verfahren für Blechdicken von 0,25 ... 17 mm gleichermaßen geeignet ist.

Dazu kommt die günstige Wirkung des Gummidrucks auf den Ziehstempel. Während beim üblichen Tiefziehverfahren die durch das Auftreffen des Ziehstempels und durch die Biegung um die Stempelkante geschwächte Bodenkante des Ziehteils allein die Ziehbeanspruchung aushalten muß, wird diese Beanspruchung durch den Querdruck auf den schon geformten Teilabschnitt des Werkstücks auf immer neue Querschnitte übertragen, die entweder die ursprüngliche Dicke des Blechs s_0 behalten, oder gar eine Verdickung, mindestens aber eine Verfestigung, erfahren haben. Das Marformverfahren muß deshalb das erreichbare Ziehverhältnis gegenüber dem gewöhnlichen Verfahren erhöhen. Die Erhöhung, die mit 10% angegeben wird, wird noch begünstigt, weil sich die Ziehkante dem Umformdruck anpaßt, größer wird mit wachsendem Umformdruck und kleiner mit sinkendem. Durch diese Anpassung werden die Reibungsverluste, die die Ziehkante verursacht und die den Hauptanteil an den Gesamtverlusten ausmachten, verringert.

Die zur Umformung bei dem Verfahren erforderlichen Pressendrücke werden nach der Flächengröße der Universalmatrize angegeben. Sie betragen für eine Fläche von 1800 cm² etwa 800 t, für eine Fläche von 5600 cm² etwa 3500 t. Entscheidend für die Wirtschaftlichkeit des Verfahrens ist natürlich der Verschleiß, bzw. die Beständigkeit des Gummis [*10*].

c) Universale Ziehmatrize des Hydroformverfahrens. Da das mechanische Verhalten eines Gummiblocks, wie er beim Kofferpreßverfahren und beim Marformverfahren zur Anwendung kommt, dem einer Flüssigkeit entspricht, ist der Schritt, den Gummiquader, wie dies auch beim Ausbauchen geschehen ist, Abb. 56, 57, 58 durch eine abgesperrte Flüssigkeit zu ersetzen, nicht überraschend. Wie bei den beiden Verfahren bleibt der Koffer erhalten, seine untere Fläche wird aber durch eine Gummiplatte, die nun „Membrane" genannt wird, abgeschlossen und der Hohlraum mit einer Flüssigkeit gefüllt, die unter einem wählbaren Druck steht, Abb. 77. Die Wählbarkeit dieses Druckes ist die Grundlage der Verbesserung gegenüber dem Marformverfahren, denn sie ermöglicht es, die mechanische Beanspruchung des Gummis, der Gummimembrane, dem Formänderungsgrad anzupassen, d. h. bei geringer Formänderung zu verringern. Beim Marformverfahren ist die Beanspruchung durch die Festigkeit des Gummis unabänderlich festgelegt.

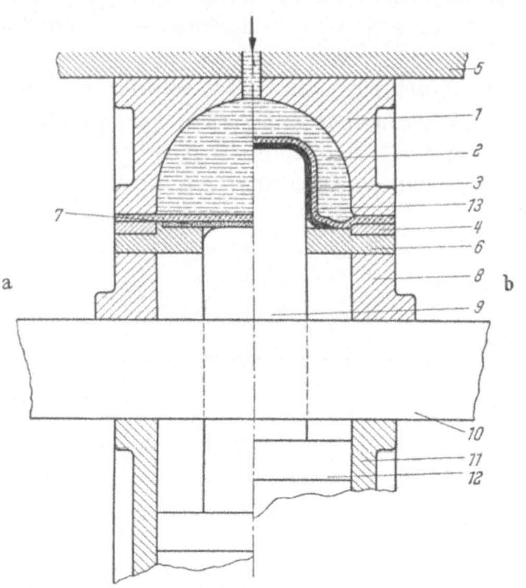

Abb. 77. Hydroform-Werkzeug mit flüssigkeitsgefüllter Universalmatrize.

Die Matrize *1*, die den Gummikoffer des Marformwerkzeugs ersetzt, ist einerseits durch eine Gummimembrane *3* mit Klemmring *4* abgeschlossen und andererseits mit einem Druckbehälter verbunden, dessen auf die Flüssigkeit *2* der Matrize wirkender Druck einstellbar ist. *5* Pressenstößel. Die Gummimembrane überträgt bei der Umformung den Flüssigkeitsdruck auf das Ziehblech *7* und zwingt es zur Anlage an den Ziehstempel. Der Niederhalter *6*, *8* ist starr und steht auch unter dem Flüssigkeitsdruck; der Ziehstempel *9*, im Niederhalter geführt, dringt in die Matrize ein und drückt die in ihm befindliche Flüssigkeit entsprechend in den Druckbehälter *10* Pressentisch; *11*, *12* Druckzylinder für den Ziehstempel. *a* Ziehstempel am Beginn, *b* am Ende der Umformung.

Die Gummimembrane besteht aus mehreren verhältnismäßig dünnen Gummischeiben, die für sich ausgewechselt und ersetzt werden können. Die mittlere Lebensdauer wird mit 500 · · · 800 Arbeitsstunden angegeben, hängt aber natürlich von dem Grad der Formänderungen, die während dieser Arbeitszeit ausgeführt und der Festigkeit der Werkstoffe ab, die verarbeitet worden sind.

Die Vorzüge des Verfahrens entsprechen denen des Marformverfahrens; das erreichbare *Ziehverhältnis* wird mit $\beta = 3{,}0 \cdots 3{,}5$ angegeben, scheint also noch günstiger zu sein als beim Marformverfahren, Abb. 78. Sicher leuchtet ein, daß es für recht tiefe Züge wirtschaftlicher ist als das Marformverfahren, weil die der Ziehtiefe entsprechende Vermehrung der Flüssigkeit billiger ist als die entsprechende Erhöhung des Gummiblocks.

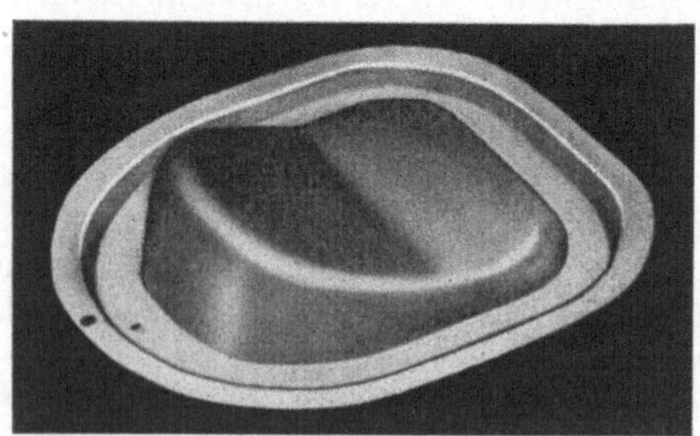

Abb. 78. Mit Hydroform-Werkzeug erstelltes Ziehteil; besonders zu beachten die runde und gestufte Bodenform.

Die Wirtschaftlichkeit sowohl des Marform-, als auch des Hydroformverfahrens läßt sich dadurch verbessern, daß man Tisch und Stößel gegeneinander bewegt und so die Umformgeschwindigkeit erhöht (Hidraw-Verfahren).

Da diese Umformverfahren durch Festlegen des Niederhalters die gleiche Arbeitsweise zulassen, wie das Koffer-Preßverfahren, dürften sie dieses praktisch ganz verdrängen, da die Werkzeuge ebenso wie bei diesem, auch aus weichen, leicht bearbeitbaren Werkstoffen, Preßholz, Zinkguß oder Leichtmetallguß, hergestellt werden können, je nach der verlangten Fertigungsmenge. Die Niederhalterplatte muß allerdings weitgehend individuell geformt werden und fest sein.

F. Einstellung und Beschickung der Ziehwerkzeuge.

22. Arbeitskräfte. Die zum Ziehen entwickelten Werkzeuge und Arbeitsmaschinen haben einen hohen Wert, ein kleiner Fehler bei ihrer Handhabung kann großen Schaden verursachen. Je höher die Leistungsfähigkeit von Maschine und Werkzeug, um so höher der Wert und um so größer der mögliche Schaden. Die sorgfältige, wohlüberlegte Behandlung setzt eine völlige Beherrschung des Werkzeugaufbaus und der Arbeitsmaschine voraus. Je verwickelter diese sind, desto größer werden die Anforderungen an die Auffassungsgabe und die Entschlossenheit der mit der Handhabung, Einrichtung und Einstellung Beauftragten. Diese sind deshalb besonders auszusuchen und zu schulen.

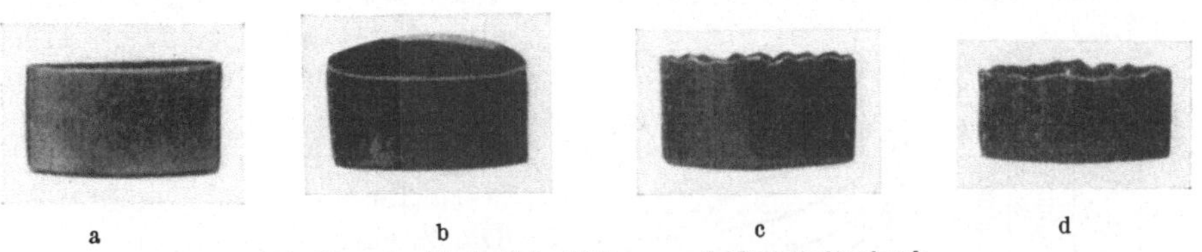

Abb. 79a…d. Werkstück, Mittung und Niederhalterdruck.

a Werkstück eben: Mittung gut. b Zungenbildung: Ziehring- und Ziehdornachsen verschoben, Mittung schlecht. a Werkstückwand glatt, Niederhalterdruck richtig. c Öffnungsrand gezackt, Niederhalterdruck zu niedrig, Weite der Ziehöffnung gut. d Niederhalterdruck zu niedrig, Weite der Ziehöffnung zu groß, Faltenbildung.

Bei der Einrichtung ist vor allem wichtig:

1. das Mitten des Ziehrings zum Ziehdorn,
2. die Wahl des Niederhalterdrucks,
3. die Einstellung der Ziehtiefe [*15*].

23. Mitten des Ziehrings zum Ziehdorn. Nach der Befestigung des Ziehdorns im Pressenstößel in der bekannten Weise stellt man den Ziehring lose auf den Pressentisch, so daß der Dorn angenähert durch die Mitte geht. Nun wird auf das immer noch lose Unterteil eine Ziehscheibe aufgelegt und mit dem Ziehdorn langsam in den Ziehring gedrückt. Wenn der Ziehring nicht richtig gemittet war, so wird der Druck des Ziehdorns auf einer Seite größer sein als auf der andern und der Ziehring infolgedessen nach der Seite des größeren Drucks wandern, bis ein Ausgleich eingetreten ist. Der so gemittete Ziehring wird festgeschraubt. Tritt bei dieser Arbeit keine Verschiebung ein, so genügt die erreichte Güte der Mittung im allgemeinen. Das wird nachgeprüft am Aussehen des gezogenen Werkstücks (Abb. 79). Ist sein Rand parallel zum Boden, die Wand also überall gleich hoch (Abb. 79a), so ist die Mittung einwandfrei. Ist sie an einer Stelle besonders hoch (Abb. 79b) und gegenüber besonders niedrig, so ist der Abstand zwischen Ziehstempel und Ziehring, die Ziehöffnung, an der hohen Stelle zu gering; in diesem Falle ist der Ziehring der hohen Stelle zuzuschieben, bis der Ausgleich hergestellt ist.

Ist ein einfaches Ziehwerkzeug einmal in Benützung gewesen, so legt man zu dem Werkzeug ein fertiges Werkstück. Bei der nächsten Benutzung wird dieses über den Ziehdorn gestülpt und dieser mit dem Werkstück in die Ziehöffnung geführt. Das lose Unterteil wird so einwandfrei gemittet.

Bei Verbundwerkzeugen mit Schneidarbeit ist die Stempelmittung einfacher, da Schnittstempel und Schnittring sich immer genau führen; beim Zusammenführen von Werkzeugoberteil und Werkzeugunterteil muß aber mit größerer Vorsicht vorgegangen werden, damit die Kanten von Schnittstempel und Schnittring nicht beschädigt werden.

24. Mitten des Niederhalters. Bei einfachen Ziehwerkzeugen wird der Niederhalter so am Niederhalterstößel befestigt, daß der Ziehdorn frei durch ihn hindurchgehen kann. Besondere Maßnahmen zum Mitten sind nicht erforderlich.

Bei Verbundwerkzeugen werden Niederhalter und Ziehdorn zusammen gemittet, bedingt durch den Aufbau der Werkzeuge.

25. Einstellung des Niederhalterdrucks. Der Niederhalterdruck wird bei allen Werkzeugen mit Niederhalter nach dem Aussehen des gezogenen Werkstücks beurteilt. Nach der Mittung und Befestigung von Ziehdorn, Ziehring und Niederhalter wird der Niederhalterstößel so verstellt, daß der Niederhalter in seiner tiefsten Stellung ohne Druck auf der Ziehscheibe ruht. Nun wird ein Versuchszug ausgeführt:

Ist der Rand des erstellten Gefäßes eben, die Wandung faltenfrei und glatt, dann ist der Niederhalterdruck gerade richtig (Abb. 79a). Ist die Wand glatt, erscheint aber der Rand gezackt (Abb. 79c), so ist der Niederhalterdruck zu klein, der Niederhalter muß dem Werkzeugunterteil genähert, bei Luftpolstern der Luftdruck erhöht werden. Die Zacken sind Falten, die unter dem Niederhalter entstanden waren, aber beim Eintritt in die Ziehöffnung geglättet worden sind. Die Glättung ist nur möglich, wenn die Ziehöffnung nicht größer ist als die Blechdicke; ist sie größer, dann werden die Falten nach Abb. 79d in der Gefäßwand sichtbar bleiben.

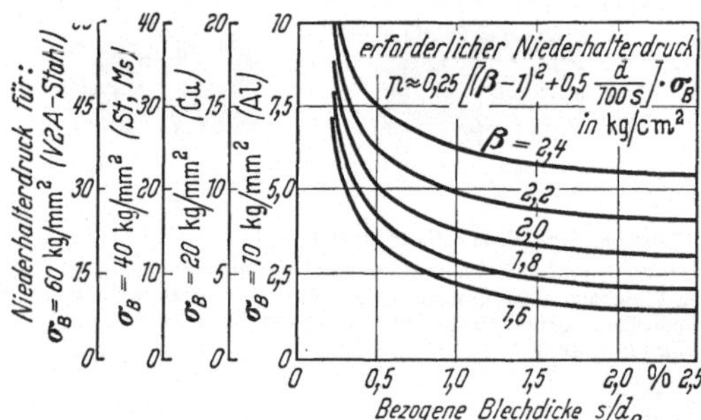

Abb. 80. Bezogener Niederhalterdruck für Werkstoffe verschiedener Festigkeit, verschiedene Blechdicken und verschiedene Ziehverhältnisse, für den ersten Zug, den Anschlag.

Wird beim Ziehen der Boden durchstoßen, bevor die Ziehscheibe ganz in die Öffnung gezogen wird, und ist die Gefäßwand dabei faltenfrei geblieben, so ist der Niederhalterdruck zu groß. Der Niederhalter muß von dem Werkzeugunterteil entfernt werden.

Ist die Wandung zwar glatt, der Gefäßrand aber einseitig hoch, dann ist — genaue Zentrierung des Ziehrings zum Ziehdorn vorausgesetzt — der Niederhalterdruck an der hohen Stelle zu groß; die Niederhalterfläche und das Werkzeugunterteil liegen nicht parallel. Der Niederhalter muß auf der hohen Stelle vom Ziehring entfernt oder auf der niederen Stelle dem Ziehring genähert werden.

Die mechanische Verstellung des Niederhalterstößels ist selbst dort, wo die Grobeinstellung mit Hilfe eines Elektromotors möglich ist, zeitraubender als die Druckveränderung in einem Luftpolster, und darum erfordert die Einstellung von Werkzeugen bei Luftpolsterpressen weniger Zeit als bei mechanischen Ziehpressen. Ist der Luftdruck und damit der Niederhalterdruck einmal ermittelt, so ist er für jede Wiederholung der gleichen Arbeit bekannt und sofort einstellbar; bei mechanischen Pressen erfordert jede, auch die wiederholte Werkzeugbenützung, dieselbe Versuchsarbeit und gibt dieselbe Möglichkeit von Ausschußstücken.

Wertvolle Angaben über die Höhe des für verschiedene Werkstoffe, Blechdicken und Ziehverhältnisse erforderlichen Niederhalterdrucks gibt Siebel mit der Abb. 80. Ändern sich die Bruchspannungen gegenüber den angegebenen Werten, so lassen sich die Niederhalterdrücke entsprechend berichtigen [*24*].

26. Einstellung der Ziehtiefe. Die richtige Ziehtiefe und der richtige Niederhalterdruck werden gleichzeitig ermittelt. Zweckmäßig wird der Ziehdorn dabei nur allmählich tiefer gestellt, weil dadurch die Möglichkeit von Ausschußgefahr bei der Niederhalterdruckermittlung verringert wird.

Bei Werkzeugen mit Abstreifern ist darauf zu achten, daß die Hohlgefäßränder unter Berücksichtigung der kleinen Unterschiede in der Höhe sicher so frei werden, daß die Abstreifer auch die höchste Stelle erfassen können.

Bei Werkzeugen mit Stanz- und Prägearbeit ist die tiefste Stellung des Stößels mit größter Vorsicht einzustellen, damit einerseits die gewünschte Form gut ausgeprägt, andererseits Werkzeug und Maschine nicht überlastet werden.

27. Beschickung der Ziehwerkzeuge und Unfallgefahr. Spanlose Formung gibt im allgemeinen gleichmäßig gut bearbeitete Werkstücke und hohe Fertigungsziffern. Wenn die Werkzeuge richtig eingestellt sind, ist die Bedienung einfach; sie stellt nur an die körperliche Geschicklichkeit einige Anforderung. Fehlt diese oder wird sie von außen unwillkürlich beeinflußt, dann bringt die Bedienung von Ziehwerkzeugen große Verletzungsgefahren. Dabei sind zwei Fälle zu unterscheiden:

1. die Presse läuft durch und das Werkzeug wird bei jedem Hub beschickt,
2. die Presse wird nach jedem Hub zur nächsten Beschickung ausgerückt.

Wird im Fall 1 durch einen Zufall oder eine Ablenkung der richtige Zeitpunkt der Beschickung versäumt oder wird nicht richtig beschickt, so wird die Hand des Arbeiters vom niedergehenden Werkzeugoberteil erfaßt und verstümmelt. Die gleiche Möglichkeit besteht im Fall 2, wenn der Arbeiter nach dem Einrücken der Presse sieht, daß die Werkstücklage verbessert werden sollte und glaubt, dies während des Laufs der Presse schaffen zu können.

Diese Gefahren verursachen leider immer wieder bedauerliche und schwere Unfälle. Es kann daher auf sie nicht laut und häufig genug hingewiesen werden, zumal gerade der Arbeiter, der längere Zeit an einer Presse gearbeitet hat, nicht mehr an die Gefahren denkt, ja nicht einmal mehr an sie glaubt. Mit Rücksicht auf sie sollte aber jeder Arbeiter an der Presse, wenn nicht anders möglich, auch durch Strafandrohung, dazu erzogen werden: daß er nie zwischen die Werkzeuge greift, wenn die Presse in Bewegung ist, daß er zur Beschickung Hilfswerkzeuge verwendet, daß er die geschaffenen Sicherheits- und Schutzeinrichtungen achtet und, wo sie noch fehlen sollten, fordert.

Schutzvorrichtungen gibt es in der verschiedensten Ausführung, großenteils auch zum nachträglichen Anbau im Handel. Ihre Wirkungsweise, Vor- und Nachteile sind im Schrifttum und vor allem in den Veröffentlichungen der Berufsgenossenschaften eingehend gewürdigt. Auf diese muß daher an dieser Stelle verwiesen werden.

Die beste Schutzvorrichtung ist die *selbsttätige* Zuführung; sie macht es nicht nur überflüssig, daß in die offenen Werkzeuge gegriffen wird, sondern verhindert es sogar. Vor allem aber sollte jeder Maschinenkäufer sich von seinem Lieferanten bescheinigen lassen, daß die Pressen mit den von der Berufsgenossenschaft vorgeschriebenen Schutzeinrichtungen versehen sind.

Da der arbeitende Mensch das höchste Volksgut verkörpert, ist zu seinem Schutz keine Maßnahme zu viel oder zu kostbar.

III. Ziehen und Ziehbleche.

A. Ziehen.

28. Die Beanspruchung des Ziehblechs. Wird eine ebene Blechscheibe mit Hilfe eines Ziehwerkzeugs in ein Hohlgefäß umgeformt, so setzt sich, wie früher ausgeführt, nach dem Auflegen der Ziehscheibe auf den Ziehring der Niederhalter auf die Blechscheibe, ruht auf ihr, während der Ziehstempel niedergeht, und folgt dem Ziehstempel im Hochgehen nach. Vergleicht man das Arbeitsschaubild Abb. 6 mit dem Geschwindigkeitsschaubild des Stößels (Abb. 81 I und II), so erkennt man, daß der Ziehstempel etwa in dem Augenblick auf das Ziehblech trifft, wo er seine größte Geschwindigkeit hat (M_1 Abb. 81 und 88). Die Wucht des Aufsetzens muß zunächst der Teil der Ziehscheibe aufnehmen, der frei über der Ziehöffnung liegt. Er erfährt dabei gleichzeitig eine Biegungs- und eine Zugbeanspruchung. Erst allmählich wird die Beanspruchung von der ganzen Scheibe aufgenommen, die nun in Bewegung kommt: fließt.

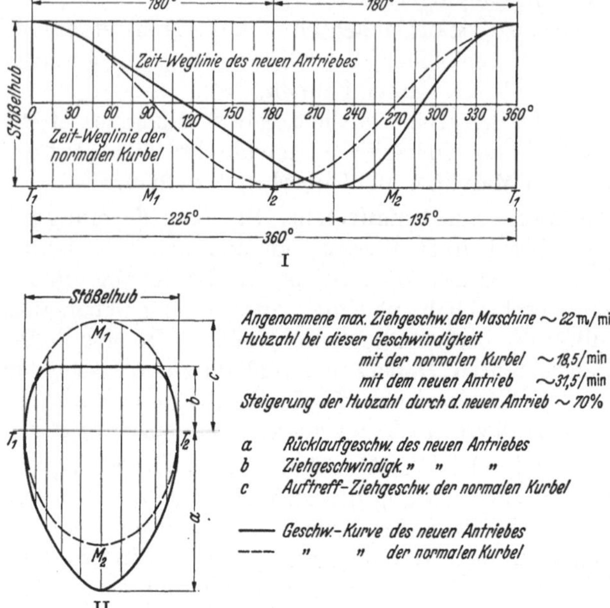

Abb. 81. I Zeitwegschaubild, II Geschwindigkeitsschaubild für gleichförmig (normal – – –) und für ungleichförmig (neu ——) umlaufende Kurbel zur Erzwingung gleichbleibender Ziehgeschwindigkeit auf nahezu dem ganzen Ziehweg.

Klar werden die Spannungsverhältnisse in der Blechscheibe, wenn man zunächst nur einen Ring dF und dessen Beanspruchung während der Umformung betrachtet (Abb. 82). Er wandert mit dem Beginn der Umformung radial nach innen, bis er den Kreis mit dem Durchmesser d des Hohlgefäßes erreicht. Dabei wird er immer kleiner, schrumpft zusammen. Diese Schrumpfung wird erzwungen von Ringkräften (Tangentialkräften), die durch die Zugbeanspruchung ausgelöst werden und nun eine Stauchwirkung hervorrufen. Solange es sich um dicke Bleche handelt, etwa mit $s \geqq 5$ mm, ist reine Stauchung zu beobachten, sobald es sich aber um dünne Bleche handelt, wird die Stauchbeanspruchung zur Knickbeanspruchung.

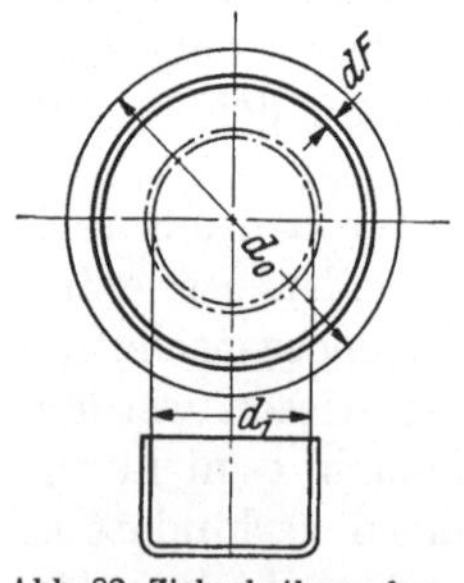

Abb. 82. Ziehscheibe und gezogenes Gefäß zur Erklärung der Werkstoffwanderung und -beanspruchung.

Das leuchtet ein, wenn man sich den Ring aufgeschnitten und ausgestreckt und an beiden Enden die Druckkräfte S angesetzt denkt (Abb. 83). Der Stab ist lang im Vergleich zu seiner Dicke, widersteht der Beanspruchung nicht, knickt aus. Ähnlich der Ring, die Scheibe: sie werfen Falten. Diese müssen verhütet werden, am einfachsten durch Unterstützen des Blechs auf den beiden Seiten, nach denen es ausknicken könnte, während der ganzen Wanderung.

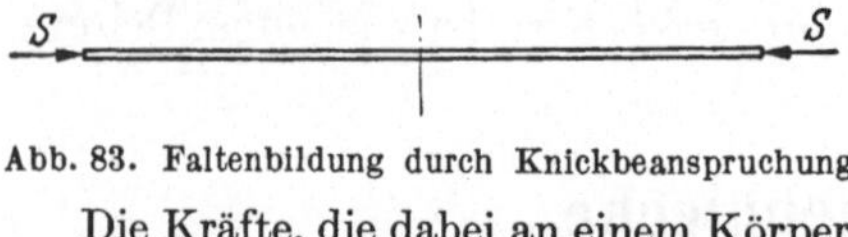

Abb. 83. Faltenbildung durch Knickbeanspruchung.

Die Kräfte, die dabei an einem Körperelement (Abb. 84) wirksam sind, müssen im Gleichgewicht sein, das erreicht wird, wenn

die radiale Zugspannung $\sigma_{rx} = \int_{r_x}^{r_0} k_f \frac{d_x}{x} = k_{fm} \ln \frac{r_0}{r_x}$, und

die tangentiale Druckspannung $\sigma_{tx} = \sigma_{rx} - k_f$.

Damit wird die für einen verlustfreien Tiefzug erforderliche Ziehkraft:

$$P_{id} = 2\pi\, r_1\, s\, k_{fm} \ln \frac{r_0}{r_1}\,,$$

wobei bedeutet: r_0 den Außenhalbmesser der Kreisscheibe,

k_{fm} die mittlere Formänderungsfestigkeit zwischen r_0 und r_1, die unabhängig ist von der Art der Formänderung und nur abhängig ist vom Werkstoff und dem Grad der Umformung und daher im Prüfraum ermittelt werden kann,

ln Logarithmus naturalis.

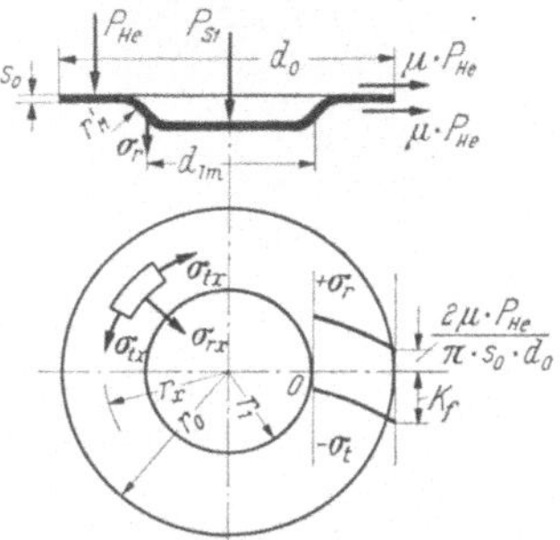

Abb. 84. Beanspruchung eines Flächenelements der Ziehscheibe.

Ein verlustfreier Tiefzug ist in der Praxis nicht möglich; die auftretenden Verluste bestimmen den Wirkungsgrad η_{form} der Umformung. Die auftretende Ziehkraft P ist entsprechend höher und wird:

$$P = \frac{1}{\eta_{form}}\, 2\pi\, r_1\, s\; 1{,}1\, k_{fm} \ln \frac{r_0}{r_1}\ (\text{kg})\,.$$

Der Formänderungsgwirkungsgrad η_{form} kann dabei bis zu 65% betragen.

Die beim Tiefziehen auftretenden Spannungen und Kräfte sind von SIEBEL eingehend untersucht, geklärt und in Einklang mit anderen bildsamen Umformungen gebracht worden. Auf die sehr interessanten, aufschlußreichen, geradezu klassischen Arbeiten [*22*, *23*, *24*], in denen die Ergebnisse niedergelegt worden sind, sei hier verwiesen.

In der Praxis werden sich nur wenige mit weitgehenden theoretischen Überlegungen und Untersuchungen abgeben; hier ist meist die Frage entscheidend, ob ein verlangter Tiefzug mit einer verfügbaren Presse ausgeführt werden kann oder nicht. Diese Frage kann durch Ermittlung der Bruchfestigkeit des Wandquerschnitts an dem zu ziehenden Gefäß beantwortet werden, also bei einem Umfang des Gefäßes von u mm, Blechdicke s mm und Zerreißfestigkeit des Bleches σ kg/mm² wird die Ziehkraft überschläglich $P \approx u\, s\, \sigma$ (kg) betragen. Darin ist der Einfluß der Ziehgeschwindigkeit nicht berücksichtigt. Je höher die Ziehgeschwindigkeit, um so größer der Verformungswiderstand.

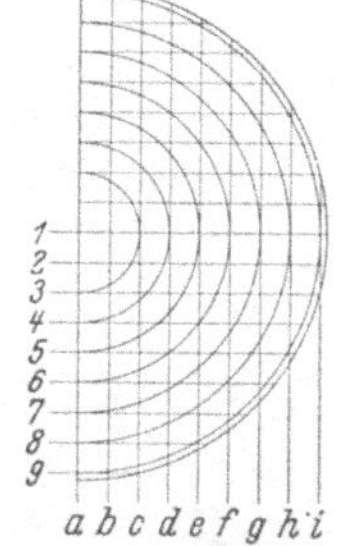

Abb. 85. Sichtbarmachung der Werkstoffwanderung durch Einritzen eines Liniennetzes in die Ziehscheibe.

29. Werkstoffwanderung. Die Ringkräfte erzwingen eine erhebliche Verschiebung der Werkstoffteile, die durch Einritzen eines Gitters in die Ziehscheibe nach Abb. 85 sichtbar gemacht werden kann. Die für die Ziehscheibe radiale, für die Gefäßwand achsrechte (senkrechte) Wanderung ist durch eine Schar auf der Scheibe gleichmittiger Kreise mit gleichen Abständen voneinander, hier 5 mm, zu zeigen. Sie bleiben (Abb. 86) auf dem Boden des gezogenen Gefäßes gleichmittig und behalten ihre ursprünglichen Abstände (a); auf der Zylinderwand dagegen werden sie zu Parallelkreisen mit, der Gefäßöffnung zu, wachsenden Abständen (b).

Ein auf der gleichen Ziehscheibe eingeritztes quadratisches Liniennetz bleibt am Boden unverändert (c) und erscheint auf der Zylinderwand als hyperbelähnliche Kurvenschar (d), deren Abstände sich der Gefäßmündung zu verjüngen und dadurch die Stauchung und Verschiebung im Werkstoff sichtbar machen.

Die Veränderung des Gitternetzes infolge der Umformung läßt den Grad der Blechbeanspruchung auf einfache Weise unmittelbar erkennen und oft Arbeitsausschuß als Folge örtlicher Überbeanspruchung erklären.

Das Gitternetz läßt auch, insbesondere bei großen Ziehteilen mit unregelmäßig gewölbtem Boden oder Mantel, erkennen, in welchen Zonen bei der Umformung Druck- oder Zugspannungen auftreten und gibt so Hinweise dafür, wo Ziehleisten angebracht werden müssen.

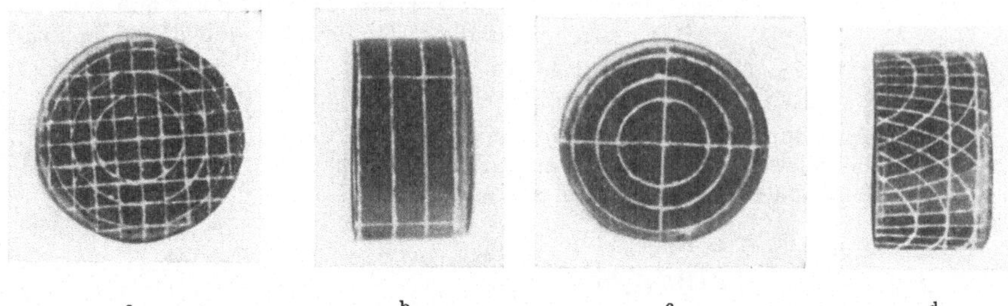

a b c d

Abb. 86a…d. Lagenveränderung im Liniennetz durch die Gefäßbildung. a, b wachsender Abstand der parallelen, ehemals gleichmittigen Kreise. c, d Verschiebung ehemals paralleler Geraden.

Neuerdings wird es auch zur Zuschnittsermittlung bei nicht-zylindrischen Gefäßen herangezogen (Abschnitt 43, S. 64 [*16*]).

30. Gefügeänderung. Die Stauchung und Verschiebung des Werkstoffs erzeugt Gefügespannungen und Kristallverzerrungen, die in einer Verhärtung des Werkstoffs, sog. Kalthärtung, erkennbar werden. Mit zunehmender Kalthärtung verringert sich die Bildsamkeit des Werkstoffs und damit die Möglichkeit weiterer spanloser Formung.

Durch metallographische Behandlung des Werkstoffs und Entwicklung des metallischen Kleingefüges ist die Veränderung der Kristalle selbst zu erkennen. Abb. 87a…d sind Aufnahmen des Gefüges einer Scheibe aus Druckmessing Ms 63 (Abb. 87a), sowie an drei Stellen eines aus ihr gezogenen Gefäßes: b im Boden, c an der Wand dicht über dem Boden, d am Gefäßrand. Während b gegenüber a kaum eine Veränderung zeigt, erkennt man in c stark gezerrte Kristalle, in d Verhärtung beweisende zahlreiche Fließlinien. Die metallographische Untersuchung ist der sicherste Weg zur Feststellung, ob eine vorgenommene Glühung richtig war und eine völlige Erholung oder Rekristallisation herbeigeführt hat, denn sie zeigt klar, ob das Gefüge nach der

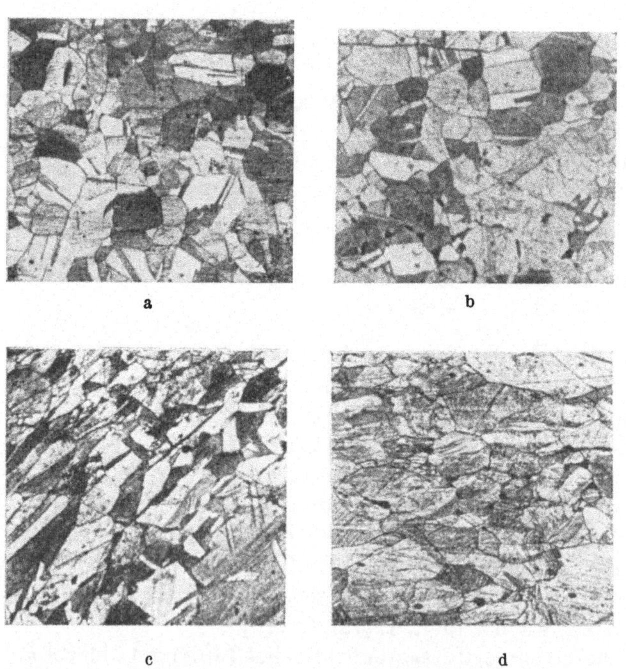

a b

c d

Abb. 87a…d. Gefügeänderung durch Tiefzug von Ms 63 (Vergr. = 100). a vor dem Zug. b nach dem Zug im Gefäßboden, wenig geändert. c in der Gefäßwand dicht über dem Boden stark gezerrt. d im Öffnungsrand des Gefäßes, Härtung durch starke Pressung.

Glühung wieder das des Bleches vor der Umformung angenommen hat oder noch verändert ist.

31. Ziehgeschwindigkeit. Das Maß der Kalthärtung ist in erster Linie bestimmt durch den Grad der Umformung, d. h. den Unterschied zwischen Durchmesser der Ziehscheibe und Gefäßdurchmesser. Dazu kommt aber noch die Größe der Umformungsgeschwindigkeit, der Ziehgeschwindigkeit. Je größer sie ist, desto größer bei gleichem Umformungsgrad die Kalthärtung. Ist die Ziehgeschwindigkeit während des Ziehvorgangs veränderlich, so wird verschieden große Kalthärtung der Gefäßwand die Folge sein. Bei gewöhnlichen Kurbelpressen läuft der Kurbelzapfen mit gleichmäßiger Geschwindigkeit um und erzeugt in dem gerade geführten Ziehstößel eine ungleichförmige Geschwindigkeit (Abb. 81). Diese ist (Abb. 81 und 88) in der oberen Totlage T_1 gleich 0, wächst bis zur Mittellage M_1 an und nimmt anschließend bis zur unteren Totlage T_2 auf 0 ab.

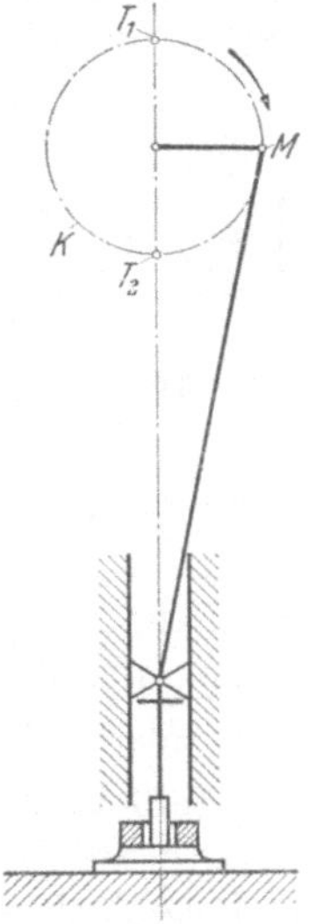

Abb. 88. Kurbel- und Stößelbewegung beim Tiefziehen. K Kurbelkreis, T_1 obere Totlage, T_2 untere Totlage, M Mittelstellung.

Daß es für die Einleitung der Fließbewegung ungünstig ist, wenn der Ziehdorn wie in Abb. 88 gerade mit seiner größten Geschwindigkeit auf die Ziehscheibe auftrifft, braucht nach dem Gesagten nicht besonders betont zu werden. Ist die Geschwindigkeit zu groß, so besteht die Gefahr, daß die Fließbewegung nicht auf die ganze Ziehscheibe übertragen wird, sondern im Ziehspalt s (Abb. 89) zu einer örtlichen Einschnürung bei a und zum Bruch führt.

Für die schonende Beanspruchung des Ziehblechs ist daher annähernd gleichförmige Ziehgeschwindigkeit, wie sie bei Kurbelpressen durch besondere Bauart (s. Abb. 81 „neuer Antrieb") erreichbar, bei hydraulischen Pressen immer vorhanden ist, am günstigsten.

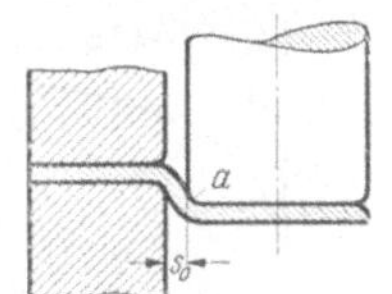

Abb. 89. Blechbeanspruchung beim Ziehbeginn. a Einschnürung, s_0 Ziehspalt.

Die schonende Beanspruchung des Ziehblechs bei Ziehbeginn wird in der Praxis immer angestrebt, obwohl eingehende Versuche ergeben haben, daß der Einfluß der Ziehgeschwindigkeit bei den meist gebrauchten Ziehblechen: Aluminium u. a. Leichtmetallen, Messing, Tiefziehstahlblech in den Geschwindigkeitsbereichen von 0,1 bis über 200 m/min so gering ist, daß eine Änderung des erreichbaren Ziehverhältnisses praktisch nicht feststellbar ist. Nur bei rostsicherem Stahl hat sich das erreichte Ziehverhältnis d_0/d_1 mit zunehmender Formänderungsgeschwindigkeit merklich verringert; es ist bei der Größtgeschwindigkeit um 10% niedriger geworden als bei der anfänglichen geringen Geschwindigkeit. Es betrug bei der letzten 2,12 und bei der ersten, der größten Geschwindigkeit, nur noch 1,94.

B. Ziehbleche und ihre Behandlung.

32. Blecheignung. Nicht jedes Blech ist gleich bildsam. Maßgebend für die Bildsamkeit ist die Dehnungsfähigkeit und die Festigkeit des Werkstoffs, also im Zerreißschaubild Abb. 90 der Bereich von der Elastizitätsgrenze σ_p bis zur Bruchgrenze σ_z. Je größer die Dehnung zwischen den beiden Punkten und je größer der Spannungsunterschied ist, desto günstiger die Bildsamkeit. Ziffernmäßige Schlüsse lassen sich aus den Kurven für die verschiedenen Werkstoffe nicht gewinnen, auch wenn man statt der gewöhnlichen Spannungsschaubilder (Abb. 91) die tatsächlichen

Zerreißschaubilder mit den tatsächlichen Dehnungen als Abszissen und den tatsächlichen Spannungen, berechnet auf den infolge Einschnürung kleineren Querschnitt, als Ordinaten nimmt. Endgültige Klarheit bringt nur der Tiefziehversuch.

Gute Tiefzieheigenschaften haben: Platin, Gold, Silber, Nickel und seine Legierungen, Kupfer und seine Legierungen, besonders Messing, Aluminium, Eisen (Stahl) und Zink. Diese Metalle können rein genommen oder aber mit einem anderen galvanisiert oder plattiert werden, z. B. Gold auf Kupfer, Nickel oder Kupfer oder Zink oder Aluminium auf Stahl.

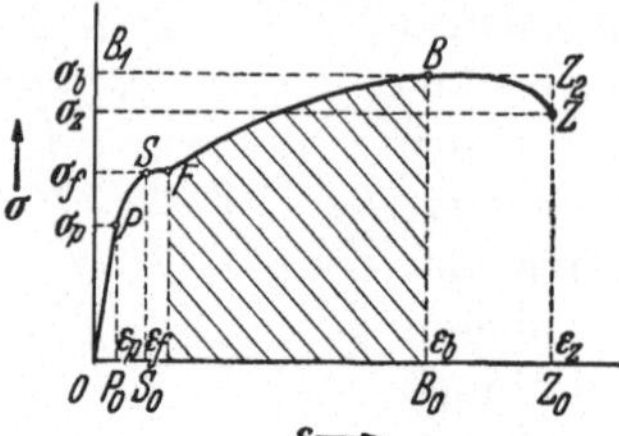

Abb. 90. Spannungs-Dehnungs-Diagramm.

Die Tiefzieheigenschaften plattierter Bleche entsprechen dabei denen des Grundstoffes, und zwar denen des Werkstoffes mit der geringeren Tiefzieheignung. Ebenso ist es bei feuerverzinkten und feuerverzinnten Blechen. Mengenmäßig den größten Anteil an Tiefziehblechen haben: Messing, Stahl, Aluminium und verschiedene Leichtmetallegierungen, Zink. Zink- und Aluminiumbleche sind um so besser geeignet, je reiner sie sind. Messingbleche müssen einen Kupfergehalt von 63% (Ms 63-Druckmessing) bis 72% (Ms 72-Patronenmessing) haben und weich geglüht sein.

Stahl verhält sich um so günstiger, je geringer der Kohlenstoffgehalt und je reiner er ist. Manganzusatz bis 1,5% erhöht die Dehnungsfähigkeit. Als noch gutes Tiefziehblech gilt Stahlblech von 0,08⋯0,12 C; 0,05 Si; 0,025 P; 0,3⋯0,5 Mn, 0,03 S. Die große Reinheit verlangt eine sorgfältige Überwachung der Tiefziehblechherstellung vom Knüppel an. Lunkerstellen und Zunder sind sorgfältig zu entfernen.

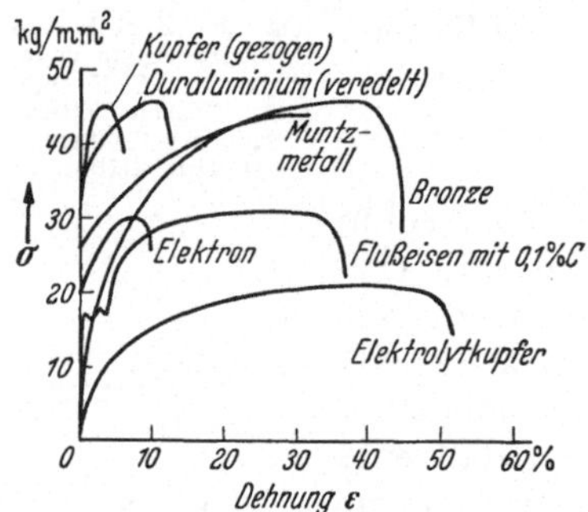

Abb. 91. Spannungsschaubild verschiedener Werkstoffe.

Für ganz hochwertiges Tiefziehblech wird das Fertigmaß durch Kaltwalzen erreicht. Dieses ergibt eine glatte, blanke Oberfläche.

Dabei ist zu unterscheiden zwischen alterungsbeständigem und nicht-alterungsbeständigem Stahl. Der Unterschied liegt im Gießverfahren. Für spanlose Verformung günstiger ist der alterungsbeständige Stahl, weil er weniger schnell verhärtet als der nicht-alterungsbeständige. Nicht-alterungsbeständiger Stahl wird bei Verformungen zwischen 5 und 20% geradezu spröde, auch ist seine Glühbehandlung schwieriger.

Messingbleche und Stahlbleche sind nach Legierungen und Tiefziehgüte genormt[1].

Eine gedrängte klare Übersicht über die gebräuchlichen Tiefziehbleche gibt Oehler. In ihr sind sowohl die mechanischen Werte als auch Angaben über die Behandlung enthalten [*14*].

33. Schmierung. Auch die glatteste Oberfläche ist genau genommen noch rauh und verursacht zusammen mit dem Niederhalterdruck Reibung. Diese ist durch gute Schmierung zu verringern. Geeignet sind alle gebräuchlichen Schmiermittel: Seifenwasser, Öl und Fett. Je zäher das Schmiermittel haftet, desto besser ist es. Dünne Schmiermittel werden bei der hohen Flächenpressung zu leicht weggedrückt. Man mischt deshalb Öl gerne mit Schwefelblüte, Graphit oder Schlämmkreide. Die

[1] Normblätter, zu beziehen vom Beuth-Vertrieb G. m. b. H., Berlin W 15 oder Köln.

verbessernde Wirkung des als Zusatz häufig verwendeten Graphits kann nicht eindeutig bejaht werden, während Schwefelblüte als Zusatz auch unter schweren Bedingungen erfahrungsgemäß als günstig anerkannt werden kann. Schlämmkreide und ähnliche inaktive Stoffe wirken nur als Verdickungsmittel und verhindern das Abfließen des Gleitmittels, erhöhen aber keineswegs seine Haftfähigkeit und Druckbeständigkeit.

Eine Übersicht über die Schmiermittelanwendung gibt Tabelle 1.

Tabelle 1. *Werkstoff und Schmierung.*

Werkstoff	Schmiermittel
Allgemein	Maschinenöl, Rüböl-Ersatz, Rüböl, rein oder gemischt mit Schwefelblüte, Talkum, Schlämmkreide oder kornlosem Graphit. Rindertalg, Ziehfett, rein oder gemischt mit Schlämmkreide oder Graphitpulver Je schwieriger die Zieharbeit, desto dicker das Schmiermittel
Bronze, Kupfer, Messing, Nickel, Neusilber	Bohrölemulsion, Seifenwasser, Rüböl, Rübölersatz, Mischung von Seifenwasser mit Rüböl 1 : 1, dickes Zylinderöl, bei einfachen, nicht schwierigen Umformungen
Tiefziehstahlblech (nicht behandelt) . . .	Dickes Zylinderöl mit Graphitpulver, Rüböl mit Bleiweiß in Zähigkeit einer dicken Farbe, Talg rein oder mit Graphitpulver, für schwierige und verwickelte Umformungen
Tiefziehstahlblech phosphatiert	Seifenwasser 3···12%
Zink, Magnesium-Legierung	Seifenwasser, Maschinenöl, Palminöl, heiß, möglichst bis 200° C. Ziehfett oder Talg mit Graphitpuder
Aluminium, Duraluminium	Bohrölemulsion 1 : 3, Maschinenöl, Vaseline, Muzin, petrolhaltiges Mineralfett

Zur Sicherung des Schmiererfolgs ist, insbesondere bei Stahlblech, das Schmiermittel, ohne oder mit Zusätzen, oft nicht ausreichend, um Ziehfehler zu vermeiden; auch nicht, wenn man die Haftung des Schmiermittels auf der zur Umformung bestimmten Fläche durch Aufrauhen, Schleifen oder Sandstrahlen (Stahlsand), zu verbessern sucht.

In solchen Fällen kann die Reibung und vor allem die Gefahr des „Fressens" zwischen Werkstück und Werkzeug dadurch verringert werden, daß man auf das Ziehblech oder das Ziehwerkzeug eine Metallschicht aufbringt, die gegen Stahl leichter gleitet.

Werden die Metallschichten auf das Blech aufgebracht, so müssen sie weich sein, werden sie auf das Werkzeug aufgebracht, müssen sie verschleißfest sein. Auf die Werkstücke läßt sich die Metallschicht leicht aufbringen, am einfachsten dadurch, daß man die Blechscheiben in Kupfervitriol taucht. Die auf den metallisch reinen Blechscheiben so erzeugte Kupferschicht ist allerdings äußerst dünn und darum wenig widerstandsfähig. Besser ist schon eine galvanisch erzeugte Schicht von Blei, Kupfer oder Messing. Mit einer solchen Schicht lassen sich ganz gute Ergebnisse erzielen; wird allerdings der Umformungsgrad groß, so geht man besser zu plattierten, oder, weil wirtschaftlicher, zu phosphatierten Blechen über.

Die Einführung der Phosphatierung in den 30er Jahren hat in der spanlosen Umformung von Stahl umwälzend gewirkt; sie hat Umformungsgrade erreichen lassen, die die Formänderungsfähigkeit von Stahl voll ausschöpfen und seine Formänderungsfähigkeit der von Messing absolut gleichstellt, Tabelle 2.

Tabelle 2. *Durch Phosphatieren erreichbare Umformung.*

Ziehwerkzeug	Umformungsgrad = $\frac{d_n s_n}{d_{n-1} s_{n-1}}$		oder = $\frac{d_{n-1} s_{n-1}}{d_n s_n}$	
	normal	maximal	normal	maximal
Anschlag nach Abb. 2, 29	0,4	0,3	2,5	3,34
Weiterschlag nach Abb. 34, 35	0,5	0,4	2,0	2,5
bzw. Abb. 50, 52 (Doppelzug)	0,4	0,3	2,5	3,34

Zur Durchführung der Phosphatierung werden die umzuformenden Werkstücke metallisch rein gemacht, gebeizt und gut entfettet, alsdann in eine verdünnte heiße Bonderlösung getaucht — eine Lösung von sauren Schwermetallphosphaten — und in ihr je nach dem Grad der angestrebten Umformung eine kürzere oder längere Zeit gelassen, Tabelle 3. Während des Eintauchens entsteht zwischen der Badflüssigkeit

Tabelle 3. *Durchführung des Phosphatierverfahrens.*

Lfd. Nr.	Arbeitsgang	Arbeitsmittel
1.	Entfetten	a) Lauge (z. B. P3); b) Waschbenzin oder Trichloräthylen
2.	Beizen	a) Kalte Salzsäure, 10–15%ig; b) Schwefelsäure mit 40–50° 15–20% ig
3.	Spülen [1]	Kaltes, fließendes Wasser
4.	Spülen [1]	Heißes Wasser, Temp. mögl. hoch, $\geq$ Temperatur des Phospatierungsbades
5.	Phosphatieren	Heiße, verdünnte Lösung, mögl. 65···95° C je nach Lösung und angestrebtem Umform. Grad [2]
6.	Spülen	Kaltes, fließendes Wasser
7.	Spülen	Heißes Wasser, mögl. $\geq$ 90° C, zur Erleichterung des Trocknens
8.	Befetten	Lösung von Natron- (Kern) Seife, 3–5%ig
9.	Trocknen	Heißer Luftstrom, Temp. 120–140° C, oder durch Infrarot-Strahlung

[1] Spülen entfällt bei Entfetten mit Waschbenzin oder Tri.
[2] Bonderlösung zum Phosphatieren liefert die Metallgesellschaft Frankfurt/Main.

und der Blechoberfläche eine chemische Reaktion, durch die die Stahloberfläche in eine lückenlose, dichte Schicht von kristallinem Eisenphosphat umgebildet wird. Diese Schicht ist nicht-metallischer Art und mit der Stahlunterlage so fest verbunden, daß sie mechanisch schwer abzulösen ist. Sie macht den Umformungsprozeß mit als nicht-metallische Zwischenschicht zwischen Werkzeug und Ziehblech und verhindert so die Reibung von Stahl gegen Stahl mit allen Nachteilen einer solchen.

Darüber hinaus vergrößert die Phosphatschicht die ursprüngliche Blechfläche durch ihre kristalline Struktur, die durch ihre Kapillarräume das Schmiermittel geradezu ansaugt und so festhält, daß es auch während der Umformung nicht weggedrückt werden kann. Die Schmiermittelaufnahme einer phosphatierten Fläche ist vielfach so groß als die der nicht phosphatierten.

Wegen dieser günstigen Wirkungen auf die Schmierung genügt ein gutes Seifenwasser für die schwierigsten Umformungen. Bringt man die phosphatierten Blechteile in eine Lösung von 3···12% Natronseife, z. B. Kernseife, so wird etwa 1/10 der

Bonderschicht chemisch in Metallseife umgebildet. Die Metallseifenschicht, die so entstanden ist, haftet genau so fest mit der Stahloberfläche, wie die Bonderschicht selbst und mit ihr auch während der Umformung, auch wenn diese bis 70% ansteigt. Man kann deshalb von einer vollkommenen Schmierung während des Tiefzugs sprechen. Fließpressen von Stahl ist erst durch die Phosphatierung ermöglicht worden.

Die verseifte Phosphatschicht hat die Reibung um rund 25% verringert und alle beim Ziehen von Stahl aufgetretenen Mängel beseitigt (Tabelle 4), Kratzer, Riefen und Reißer. Die gezogene Oberfläche ist glatt wie Glas, in einem Zustand, der jede nachfolgende Veredelungsarbeit wesentlich erleichtert, so daß oft schon deswegen die Einführung der Phosphatierung in den Herstellungsgang zu empfehlen ist.

Tabelle 4. *Betriebliche Auswirkung der Phosphatierung.*

1. Einsparung von Zügen und damit Verminderung der Zahl von Zwischenglühungen und -Beizungen, mit der dafür notwendigen Förder- und Verlustarbeit.
2. Schonung der Werkzeuge, damit Verlängerung der Standzeit und der Lebensdauer, gleichzeitig Verringerung der Verlustzeiten durch Wartung, Nacharbeit, Ein- und Ausbau.
3. Schonung der Pressen, damit Verlängerung ihrer Lebensdauer, Verringerung der Instandsetzungsarbeit.
4. Verringerung des Ausschusses.
5. Verbesserung der Arbeitsgüte.
6. Steigerung der Betriebskapazität bei geringerem Aufwand und gleichmäßigerem und sichererem Ablauf der Fertigung.

Die verseifte Bonderschicht hat eine gute Beständigkeit. Wenn die Verseifung unmittelbar nach der Phosphatierung vorgenommen wird, behält sie ihre zieherleichternden Eigenschaften während einer längeren Lagerzeit unverändert bei bis zum Tiefzug und auch über diesen hinaus. Dabei ist sie gleichzeitig ein ausreichender Schutz gegen die Rostgefahr.

Erfahren die gezogenen Werkstücke eine Veredelung durch Lackierung, so bildet die Phosphatschicht einen ausgezeichneten Haftgrund für den Lack, der seine Haltbarkeit verbessert und verlängert.

In Deutschland ist die Phosphatierung bisher auf die Umformung von unlegiertem Stahl beschränkt geblieben, in den USA sind aber ähnlich-zieherleichternde Überzüge auch auf die Verarbeitung von legierten, rostsicheren Stählen und von Nichteisenmetallen angewendet worden. Seit einigen Jahren soll insbesondere die spanlose Umformung von Aluminium und von Aluminiumlegierungen günstig beeinflußt worden sein.

34. Blechprüfung. Wenn von der Feststellung der grundsätzlichen Eignung für Tiefziehzwecke abgesehen wird, wegen der auf die Ausführungen in Abschn. 32 verwiesen werden kann, wird die Blechprüfung im allgemeinen darauf hinauslaufen, festzustellen, daß die zu prüfenden Bleche den Normbedingungen der Gütegruppe entsprechen, die als hinreichend erkannt und deshalb gewählt worden war. Durch die Normen sind festgelegt: Oberflächenbeschaffenheit, Maß- und Gewichtsabweichungen, Zugfestigkeit und Bruchdehnung, Chemische Zusammensetzung; dadurch sind auch die Prüfmethoden weitgehend bestimmt.

Bei Tiefziehblechen muß die Oberfläche glatt und plan, frei von Verletzungen, Narben, Kratzern und Spaltungen sein, die die Güte des Fertigerzeugnisses oder die Umformung beeinträchtigen. Meßbare Normen für die Oberflächenbeschaffenheit gibt es bis heute nicht; die Prüfung ist weitgehend eine Frage der persönlichen Beurteilung, am besten an Hand von Mustern, die gegebenenfalls mit dem Blechlieferanten festgelegt worden sind.

Einfacher ist die Maßprüfung, deren Vornahme in den Normblättern weitgehend vorgeschrieben ist. Bei der Maßprüfung am wichtigsten ist die Dickenprüfung, da Abweichungen sich oft äußerst nachteilig auswirken. Bei starker Umformung kann es sich empfehlen, die Bleche nach der Dicke zu sortieren, um die Ausschußgefahr zu verringern. Werden Blechtafeln verarbeitet, so ist die Sortierung nach der Dicke zweckmäßig erst nach dem Aufschneiden vorzunehmen. Blechbänder haben geringere Toleranzen in der Dicke; man kann deshalb unter Umständen Sortierarbeit erübrigen, wenn man bei der Verarbeitung von der Tafelform auf die Bandform übergeht.

Die Feststellung der mechanischen Eigenschaften, der Bruchfestigkeit und der Bruchdehnung, erfolgt mit den normalen Prüfmaschinen und nach den normalen Methoden. Das gleiche gilt für die chemische Untersuchung der Zusammensetzung, der zweckmäßig die metallographische Untersuchung des Feingefüges angeschlossen wird, die die Reinheit, den Glühzustand und die Freiheit von ausgeprägter Kornorientierung (Texturen) erkennen läßt.

Tabelle 5. *Hin- und Herbiegeprobe.* DIN 1605/III, DIN 1781, DIN 51211 mit Gerät ähnlich DIN 51211 Streifenbreite 30 mm.

Blechdicke s in mm	Biegehalbmesser r in mm
$\leq$ 0,4	1,0
$>$ 0,4 bis 0,8	1,6
$>$ 0,8 bis 1,2	2,5
$>$ 1,2	4,0

Diese Prüfungen erfordern geschulte Kräfte, sind teuer und zeitraubend und daher nicht immer tragbar. Betriebsmäßig begnügt man sich im allgemeinen mit einfacheren Prüfverfahren, mit denen eine mehr oder weniger genaue und zuverlässige Aussage über die Bildsamkeit eines Bleches möglich ist.

Die einfachste Prüfung dieser Art ist die Faltprobe nach DIN 1623 und besser die Hin- und Herbiege-Probe, Tabelle 5, bei der ein Blechstreifen mit geglätteten Kanten einseitig eingespannt wird, worauf sein freies Ende so oft um eine Biegekante auf 90° gebogen und zurückgebogen wird, bis an der Biegestelle ein Bruch auftritt. Die Zahl der erreichten Biegungen ist das Maß der Blechgüte.

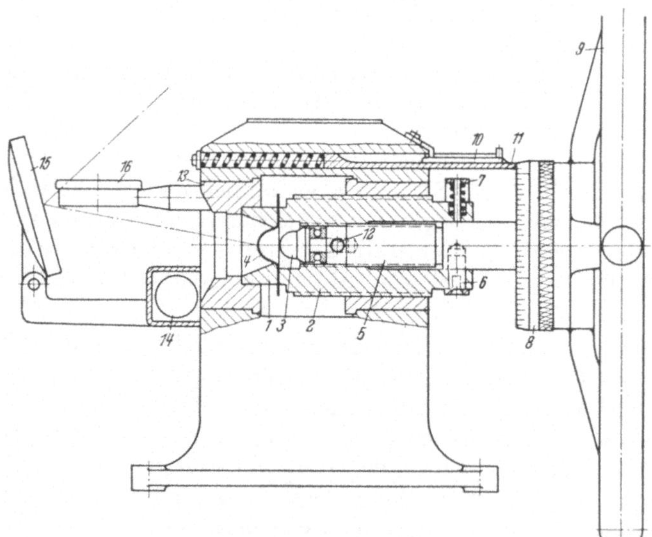

Abb. 92. ERICHSEN-Blechprüfgerät zur Ausführung von Tiefungsprüfungen. *1* Ziehring, *2* Schraube zum Festklemmen des Prüfbleches *4*, *3* Ziehdorn, *5* Spindel zum Eindrücken des kugeligen Ziehdornes in das Prüfblech, *6*, *7* Verriegelung, *8* Skala, *9* Handrad, *10* Skala, *11* Tiefenzeiger, *12* Druckkugel, *13* Druckring, *14* Spiegelträger, *15* Spiegel, *16* Meßuhr.

Auch eine sehr einfache Prüfung der Bildsamkeit ist die Tiefungsprobe nach ERICHSEN. Sie hat sich so gut eingeführt, daß sie auch in die Normvorschriften aufgenommen worden ist (DIN 50101). Zur Vornahme der Probe ist das Gerät nach Abb. 92 erforderlich. In ihm befinden sich zwei Spindeln 2 und 5, von denen die eine (2), das quadratische Prüfblech 4 mit Seitenlängen von 70 mm festklemmt, während die andere (5), mittels des Handrades 9 gegen das Prüfblech bewegt wird und dieses mit seinem kugeligen Ende in den Ziehring hineinwölbt, so lange bis die Dehnungsfähigkeit des Bleches erschöpft ist und sich ein Riß ausbildet. Die Ausbildung dieses Risses und die Art seiner Entstehung, schnell oder langsam, wird im Spiegel 15 beobachtet. Die Tiefe der erreichten Wölbung ist der Tiefungswert, der an den Skalen 8 und 10 unmittelbar abgelesen wird. Durch Vergleich mit den für die verschiedensten Werkstoffe und Blechdicken festgelegten Normkurven, Abb. 93, oder durch Vergleich mit eigenen früher als ausreichend festgestellten Tiefungswerten wird die Bildsamkeit des Prüfbleches beurteilt.

Mit der Feststellung der Tiefung ist der Wert der Erichsen-Prüfung noch nicht erschöpft. Die Art der Bruchausbildung und die Veränderung der Blechoberfläche, die im Spiegel beobachtet werden, lassen Rückschlüsse auf den Gefügezustand des geprüften Bleches zu. Bleibt die Blechoberfläche glatt und bildet sich der Bruch langsam, stetig und kreisförmig aus, Abb. 94a, wird das Feingefüge feinkörnig, das Blech sorgfältig und gut geglüht, Kornorientierung nicht vorhanden sein, also im besten Zustand vorliegen. Wird die Oberfläche aber rauh und narbig, Abb. 94b, und tritt der Bruch plötzlich und örtlich begrenzt auf, so ist das Gefüge wahrscheinlich grobkörnig, oder sonstwie fehlerhaft, es sei denn, daß der Bruch durch Lunker, Blasen oder ähnliche örtliche Werkstoffehler verursacht worden ist, die durch die Offenlegung durch den Bruch sichtbar geworden sind.

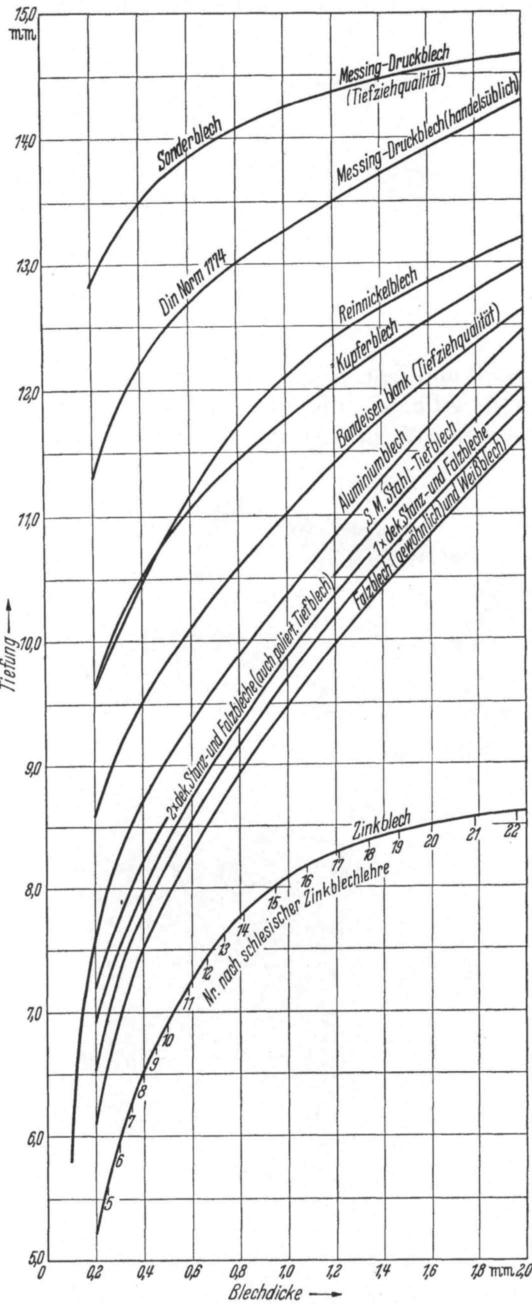

Abb. 93. Normale Tiefungskurven für Bleche verschiedener Werkstoffe und verschiedener Dicke.

Neben dem Erichsen-Verfahren gibt es noch eine Reihe anderer Verfahren, so das von Wazau, das die Aufnahme eines Druck–Wegdiagramms gestattet, das Keilzugverfahren nach Sachs, die Tiefzieh-Aufweitung nach Siebel und Pomp und die Schlag-Tiefziehprüfung nach Petrasch. Auch diese Verfahren lassen Rückschlüsse auf die Bildsamkeit der geprüften Bleche zu, geben aber auch nur Vergleichswerte.

Den Blechverarbeiter interessiert vor allem die mit einem Blech erreichbare Tiefzieh-Umformung, die nur durch einen wirklichen Tiefzug oder richtiger, durch eine Reihe von Tiefzügen zu ermitteln ist. Tiefzüge sind auch mit dem ERICHSEN-

a b

Abb. 94. Ausgeführte Tiefungen.

Gerät und dem WAZAU-Gerät zu erreichen, zu denen noch neuere Geräte gekommen sind, Abb. 95, die die Durchführung der Tiefziehprüfung erleichtern und verbessern. Wichtig ist, daß die Prüfung immer und überall unter den gleichen Bedingungen vorgenommen wird, deren Normung vorgeschlagen ist [2]. Es muß festgelegt sein:

1. die Niederhaltekraft, bzw. der Abstand zwischen Niederhalter und Ziehring bei starrem Niederhalter,
2. die Prüfgeschwindigkeit ($\leq$ 1 mm/sek),
3. das Schmiermittel (Kühlöl nach DIN 6558, mit 4 Raumteilen Wasser verdünnt),
4. die Zahl der Prüfungen — 3 —, deren Mittel das Ergebnis angibt,

Abb. 95. Blechprüfgerät für Tiefungs- und Tiefziehprüfungen mit starrem Niederhalter und hydraulisch betätigtem Ziehstößel.

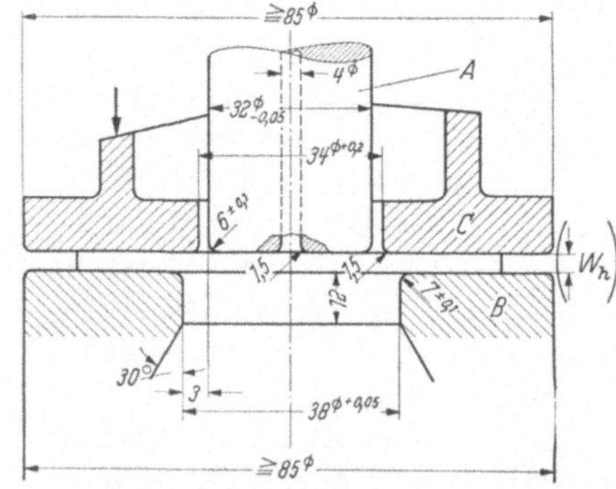

Abb. 96. Tiefzieh-Prüfwerkzeug nach BEISSWÄNGER A Ziehstempel, B Ziehring, C Niederhalter.

5. die Werkzeugausführung (Abb. 96),
6. die Werkzeugeinstellung und -beschickung (Mittigkeit von Ziehring und Ziehstempel einerseits, Mittigkeit von Ziehscheibe und Ziehring andererseits $\leq \pm 0{,}1$ mm).

Wie bei der Tiefungsprobe, ist auch bei der Tiefzugprobe, die zeitraubender ist als die erste, das Aussehen des Prüflings von Bedeutung. Zipfelbildung, Abb. 97, Oberflächenveränderung (Fließfiguren), Abb. 98, und Bruchaussehen lassen Rückschlüsse auf die Feinstruktur, den Glühzustand und die Alterungsanfälligkeit, Abb. 99, zu. Die Ergebnisse der Tiefzugprüfung lassen sich unmittelbar für den Entwurf von Ziehwerkzeugen verwerten; das ist ihr großer Vorzug [*14*, *6*, *2*].

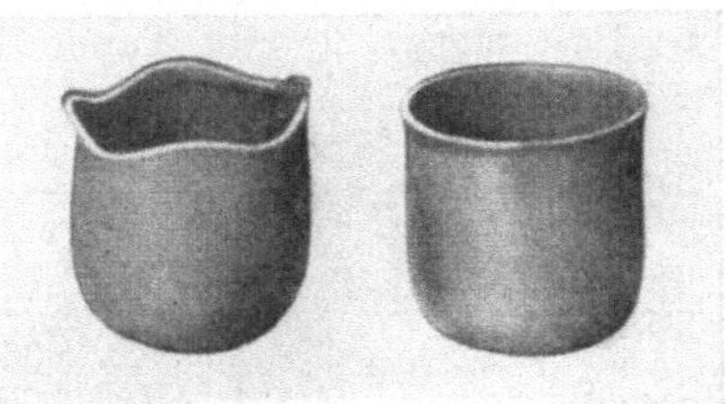

Abb. 97. Zipfelbildung.

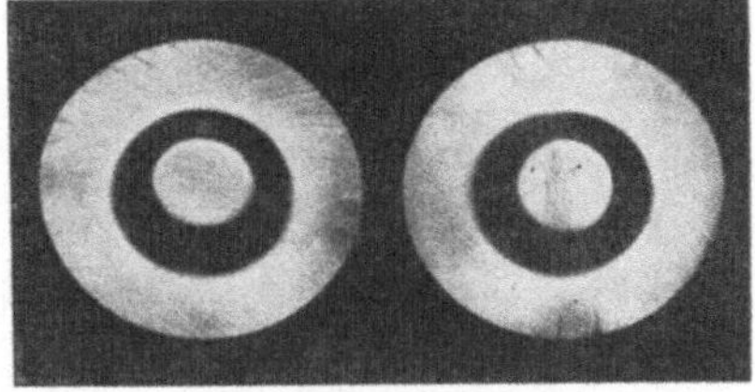

Abb. 98. Fließfiguren.

Zusammenfassend ist zu sagen, daß die Blechprüfung in den letzten Jahren erfreuliche Verbesserungen erfahren hat; dennoch wird für innerbetriebliche Zwecke auch heute noch die Vornahme eines Tiefzugs mit einem vorhandenen Werkzeug, das an die Grenze der Umformungsfähigkeit führt, wie vorausgegangene Versuche gezeigt haben, zur Beurteilung der Brauchbarkeit eines Bleches ausreichen, wenn der Tiefzug immer unter den gleichen Bedingungen vorgenommen wird. Ein Blech des gleichen Werkstoffes ist dann brauchbar, wenn der an die Grenze der Tiefzieh-Umformung gehende Tiefzug erfolgreich ausgeführt werden kann.

Abb. 99. Rißbildung durch Alterungsversprödung.

35. Erhaltung der Blechgüte, Entspannung [*15*, *6*]. Durch Tiefziehumformungen werden im Ziehblech Kristallverzerrungen verursacht, die sich als Spannungen auswirken, denen eine Härtezunahme entspricht, die so groß werden kann, daß eine Fortführung der Umformung nicht mehr möglich ist, Abb. 100. Die ursprüngliche Kristallordnung und mit ihr die ursprüngliche Bildsamkeit des Blechs, sind durch eine Erwärmung der geformten Werkstücke wiederzugewinnen, Abb. 101. Die Höhe der bei der Erwärmung erreichten Temperatur und die Dauer der Wärmebehandlung, der Glühung, entscheiden den Erfolg. Beide Faktoren sind abhängig von dem Grad der voraus-

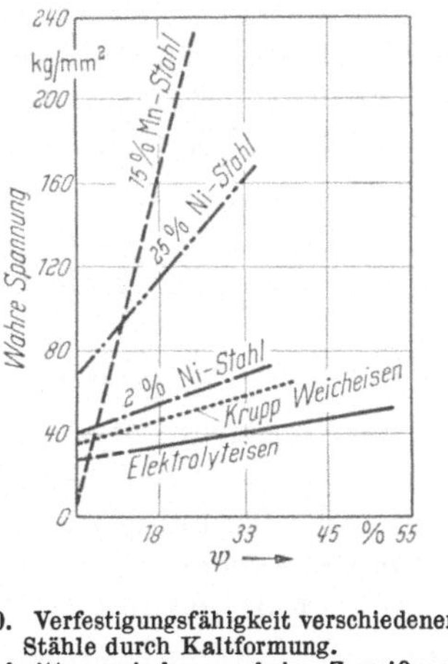

Abb. 100. Verfestigungsfähigkeit verschiedener Stähle durch Kaltformung.
ψ Querschnittsverminderung beim Zerreißversuch an der Bruchstelle, bezogen auf den ursprünglichen Querschnitt.

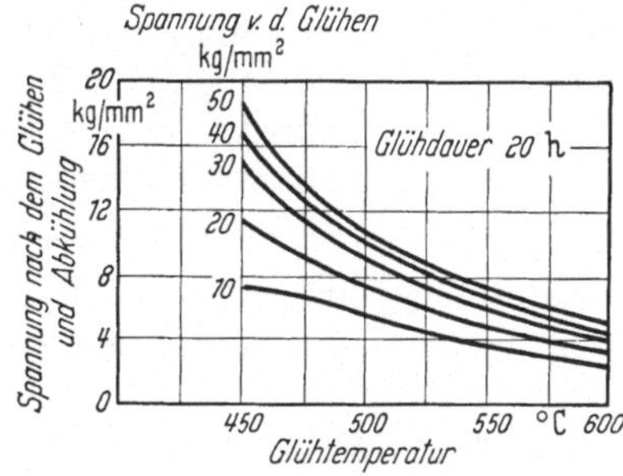

Abb. 101. Entfestigung nach vorausgegangener Kaltformung durch Erwärmung (Glühen) in Abhängigkeit vom Grad der Kaltformung, bzw. der erreichten Verfestigung, der Temperaturhöhe und der Dauer ihrer Einwirkung.

gegangenen Kaltformung; je höher dieser war, um so niederer kann die Glühtemperatur und kann die Glühdauer bemessen werden. Einen Anhalt für die Glühtemperaturen in Abhängigkeit von der Werkstoffart für durchschnittliche Umformungsgrade gibt Tabelle 6. Bei Werkstoffen ohne ausgeprägte Umwand-

Tabelle 6. *Werkstoff, Glühtemperatur und Beizmittel*[1].

Werkstoff	Glühtemperatur °C	Beizmittel
Nickel	500···900	20proz. Schwefelsäure bei 60···80°
Kupfer	500···650	10proz. Schwefelsäure bei 60···80°
Messing	550···600	5···10proz. Schwefelsäure bei 60°
Aluminium	250···300	10proz. Natronlauge bei 50°
Stahl	560···700 oder über 920	25proz. Schwefelsäure mit 1% Sparbeize bei 45°···80°; 25proz. Salzsäure mit 1% Sparbeize, kalt
Nichtrostender Stahl	1150···1170	5proz. Schwefelsäure bzw. Sonderbeizen: Salzsäure mit Salpetersäure nebst Sparbeize

[1] Weitere Angaben über Beizmittel, Oberflächenveredlung Phosphatierung usw. siehe Werkstattbuch Heft 9: BARTELS, Rezepte für die Werkstatt.

lungspunkte, Nickel, Messing u. a., ist die Glühung verhältnismäßig einfach; sie ist beendet, wenn die im Glühofen befindlichen Werkstücke im ganzen Querschnitt die vorgesehene Glühtemperatur angenommen haben. Die Werkstücke können dann aus dem Ofen entnommen werden und an der Luft erkalten. Eine Verlängerung der Glühzeit oder die Erhöhung der Temperatur über das Notwendige hinaus ist schädlich, denn dadurch wird eine Kornvergröberung hervorgerufen, die die Oberflächengüte verschlechtert und die Festigkeit beeinträchtigt.

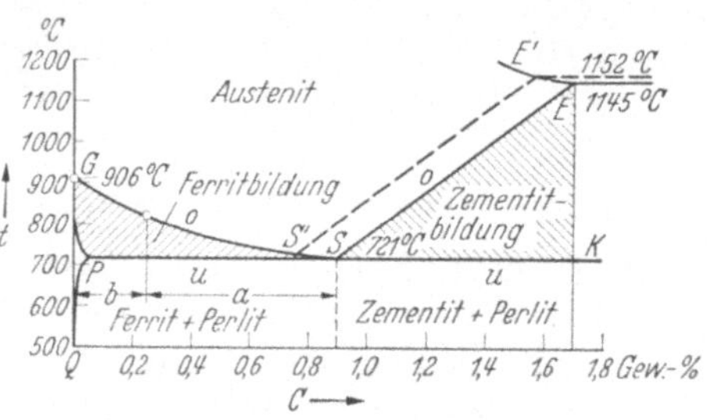

Abb. 102. Zustandsschaubild von Stahl (der Eisen-Kohlenstoff-Legierung).

Bei Stahl, einer Eisen-Kohlenstoff-Legierung nach dem Zustandsschaubild Abb. 102, ist die Durchführung der Glühung nicht so einfach. Man muß wählen unter 3 Glühbereichen:

1. 550···600° C: Spannungsfrei-Glühen durch Kristall-Erholung,
2. 690···710° C: Weichglühen (Pendelglühen zwischen den beiden Temperaturen), mit Ausbildung von körnigem, für bildsame Umformung günstigem Perlit,
3. 880···950° C: Umwandlungsglühen mit völliger Korn-Neubildung.

Die Umwandlungsglühung, die das Kristallgefüge ohne Rücksicht auf den Grad der vorausgegangenen Umformung neu aufbaut und zwar bei dem gleichen Glühvorgang, insbesondere der gleich schnellen Erwärmung und Abkühlung zwischen 700 und 950° C, wäre die gegebene Glühbehandlung für tiefgezogene Gefäße, da bei deren Erstellung verschiedene Umformungsgrade auftreten, von 0 am Übergang vom Boden zum Mantel, bis zu 70% am Gefäßrand.

Die hohe Temperatur der Umwandlungsglühung erfordert aber einen hohen Aufwand an Wärme, steigert die Verzunderung in unerwünschtem Maß und führt zu einer solchen Erweichung des Werkstoffs, daß Formänderungen sich nicht vermeiden lassen, die nur schwer wieder auszugleichen sind. Aus diesem Grund begnügt man sich beim Glühen von Stahl mit dem untersten Glühbereich und der Kristall-Erholung, Abb. 103. Bei ihr ist zu beachten, daß die an sich ausreichende Glühtemperatur eine längere Zeit einwirken muß, um die Kristall-Erholung voll herbeizuführen. Für Blechteile genügt im allgemeinen eine Stunde; für dickere Teile wird sie verlängert werden müssen, was durch Versuche ermittelt werden kann. Eine Überschreitung der niedrigsten ausreichenden Glühtemperatur und eine großzügige Verlängerung der Glühdauer führen auch bei Stahl zu einer Kornvergröberung mit den Nachteilen einer solchen, aber insbesondere auch zu einer Verringerung der Kerbzähigkeit, die bei mechanisch stark beanspruchten und der Kälte ausgesetzten Geräten peinlich verhütet werden muß. Die niedrige Glühtemperatur hält auch die Verzunderung in erträglichen Grenzen und läßt eine Abkühlung an der Luft zu ohne besondere Vorkehrungen (Verzögerung der Abkühlung) und ohne Nachteil für den Glüherfolg.

Die Glühbehandlung, d. h. die schnelle Übertragung der Ofenwärme auf das Glühgut, wird durch Umwälzung der Ofenatmosphäre mittels Lüfter wesentlich beschleunigt, sowohl bei Kammeröfen, wie bei den höchst leistungsfähigen Durchlauföfen. Das tote Gewicht, das durch die zur Beschickung notwendigen Glühhorden entsteht, sollte durch Verwendung hitzebeständiger, hochfester Werkstoffe so klein wie möglich gehalten werden, um den Glühvorgang wirtschaftlich günstig zu gestalten.

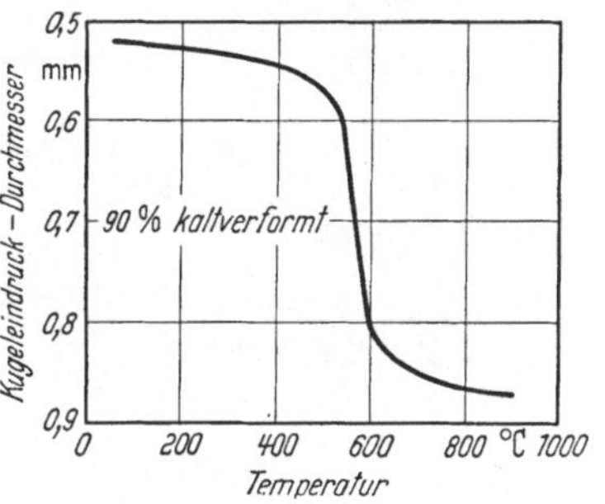

Abb. 103. Härte-Abnahme von Kohlenstoffstahl bei Erwärmung (Glühen) nach starker Kaltformung.

Wenn auch bei den niederen Glühtemperaturen die Zunderbildung verhältnismäßig gering ist, empfiehlt sich doch die Prüfung, ob die Herstellung einer Ofenatmosphäre, die die Oxydierung verhindert, nicht zweckmäßig ist. Diese Atmosphäre ist durch die Einführung eines Schutzgases in den Ofenraum herzustellen; sie fordert, daß die Beschickung über eine Gasschleuse vorgenommen wird. Herstellen läßt sich die Schutzatmosphäre sowohl in Kammeröfen, wie in Durchlauföfen.

Entstandener Zunder wird in bekannter Weise durch Beizen mit den in Tabelle 6 angegebenen Mitteln entfernt, bevor die Werkstücke weiter verarbeitet werden. Nach dem Beizen müssen die Werkstücke gut gespült und, wenn sich nicht eine Phosphatierungsbehandlung anschließt, durch Neutralisierung der Rückstände der Beizmittel mit Natriumnitrit „passiviert" werden. Nur die Passivierung ermöglicht eine längere Lagerung zwischen dem Beizen und der Weiterverarbeitung.

Auch die verbrauchte Säure muß neutralisiert werden, am besten mit Kalksteinen, bevor sie den Abwässern zugeleitet wird.

Aluminium und Zink rekristallisieren schon bei Raumtemperatur. Bei diesen Werkstoffen kann daher eine beliebige Anzahl von Umformungen aneinander gereiht werden, ohne daß eine allzu große Härtezunahme auftritt und Zwischenglühungen notwendig werden.

Rostsichere und andere legierte Stähle erfordern oft eine besondere Behandlung, für die die Vorschriften für Glühen und Beizen zweckmäßig vom Lieferanten verlangt werden.

Die durch die Umformung in einem Werkstück entstandenen Spannungen sind oft auch dann unerwünscht und unerträglich, wenn das Werkstück seine Endform ohne sichtbaren Fehler erreicht hat. Bei Stahl kann eine Alterungssprödigkeit unerwünscht sein, die bei Formänderungen von 8···10%, die deshalb „kritisch" genannt werden, leicht auftritt, wenn nicht „alterungsbeständiger, beruhigt vergossener Stahl“ verarbeitet wird.

Bei Messing und anderen Metallen können die „inneren“ Spannungen zu einer Gefügezerstörung führen, der sogenannten interkristallinen Korrosion, wenn die Fertigerzeugnisse in eine ammoniakhaltige Atmosphäre (Großstadt bei mit Rauch durchsetztem Nebel) kommen, Abb. 104 [1].

Die inneren Spannungen lassen sich, wenn eine Erholungsglühung aus Rücksicht auf die Festigkeitseigenschaften nicht möglich ist, durch eine Wärmebehandlung mildern und im günstigsten Fall ganz beseitigen, die bei einer Temperatur vorgenommen wird, bei der noch keine Kristall-Erholung und damit auch keine Härte-Abnahme eintritt. Die „Entspannung“, die bei Messing bei einer Temperatur von 250···280° C vorgenommen wird, ist um so wirkungsvoller, je länger sie dauert. Sie muß auf jeden Fall ein Vielfaches der Glühzeit betragen und kann bis auf 24 Stunden ausgedehnt werden. Leider ist der Erfolg der Entspannung äußerlich nicht erkennbar und geben die Methoden der Spannungsprüfung, die überdies zu einer Zerstörung des Prüflings führen, keine absolute Sicherheit, auch wenn sie erfolgreich verlaufen sind.

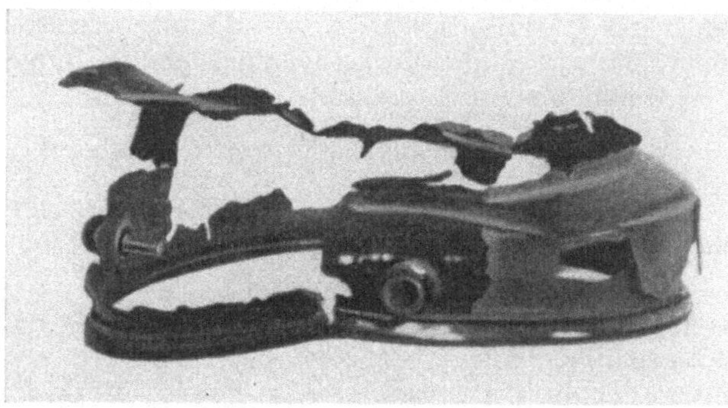

Abb. 104. Gezogenes Werkstück, wegen innerer Spannungen, die interkristalline, an den Korngrenzen einsetzende und entlang laufende Korrosion ausgelöst haben, zerfallen.

In solchen Fällen wird die Entspannung durch einen Überzug der Werkstückflächen mit farblosem Lack wirkungsvoll unterstützt. Der zusammenhängende, dichte Lacküberzug verhindert den Zutritt der schädlichen Atmosphäre zu der Metallfläche und damit die Auslösung der interkristallinen Korrosion. Langjährige Erfahrung hat gezeigt, daß oft der Lacküberzug allein ohne Entspannung einen ausreichenden Schutz gewährt, vorausgesetzt, daß die mechanische Beanspruchung so gering ist, daß er nicht zerstört wird.

IV. Der Entwurf von Ziehwerkzeugen.

A. Die Werkzeugeigenschaften.

36. Werkstoff und Bearbeitung. Die hohe Beanspruchung des Blechs beim Ziehen überträgt sich auf die Werkzeuge, besonders auf die Hauptteile: Niederhalter, Ziehdorn und Ziehring. Die mechanische Beanspruchung ergibt sich zunächst aus der Druckbeanspruchung während der Faltenverhütung, dann aus der Reibung während der Blechbewegung. Diese ist am stärksten an der Ziehkante, über die das Blech von der waagerechten in die senkrechte Richtung gebogen wird. Aus diesem Grunde wählt man nur für rasch durchzuführende Versuche, Musterstücke und ganz kleine Serien weiche, schnell und leicht bearbeitbare Werkstoffe, wie Hartholz, Obo-Holz oder Dytronal [2], in allen andern Fällen aber widerstandsfähige, verschleißfeste Werkstoffe (Abschn. 7).

[1] Vgl. Werkstattbuch Heft 45: Keller und Eickhoff, Kupfer und Kupferlegierungen.

[2] Obo-Holz ist ein Festholz mit der Wichte 1,15; es wird geliefert von der Firma Otto Bosse, Hamburg. Dytronal ist härter als Obo, das Lieferwerk ist die Firma Dynamit AG. vorm. Nobel & Co., Troisdorf, Bez. Köln.

Hoher Druckbeanspruchung widerstehen Gußeisen und besonders hochwertige, gut härtbare Kohlenstoffstähle sowie legierte Werkzeugstähle. Diese Werkstoffe sind denn auch die Baustoffe der Ziehwerkzeuge. Die Auswahl ist wesentlich bestimmt durch den Werkstoffpreis und hier wiederum nicht durch den Preis an sich, sondern sein Verhältnis zu den Selbstkosten eines Werkstücks. Man wird sich bei kleinen Werkzeugen und großen Fertigungsmengen rascher zu hochwertigem Werkzeugstahl entschließen als bei großen Stücken und kleinen Fertigungsmengen.

Gußeisen bildet für fast alle Werkzeuge den Grundstock als Aufnahme hochwertiger Werkzeugteile. Große Werkzeuge sind meist ganz aus ihm gefertigt. Gußeisen hat gegenüber den Tiefziehblechen aus Stahl wie aus Metall günstige Reibungsverhältnisse. Diese werden durch längere Benützung, die die Oberfläche härtet und deren Poren durch die haftenden Schmiermittel glättet, noch verbessert.

Das Gußeisen muß dicht, blasenfrei und möglichst hart sein (225 Brinell). Verschiedene Erzeuger haben ihre besonderen Mischungen. Empfohlen wird z. B., dem Gußeisen Stahlspäne bis zu 15% beizumischen, damit eine besonders harte Oberfläche erzielt werde. Da die Härte von außen nach innen abnimmt, soll an den gegossenen Werkzeugen so wenig wie möglich gedreht werden.

Legiertes Gußeisen, z. B. 2,7 ··· 3,3% C; 0,5···0,8% Mn; 0,9 ··· 1,6% Si; 2,5···3,5% Ni; 0,5···1% Cr; 0,25% P und 0,12% S, von 840···900° C in Öl gehärtet und dann auf 300···350 Brinell angelassen, soll Werkzeuge von besonders großer Verschleißfestigkeit und Lebensdauer geben.

Gegossene Werkzeuge sind im allgemeinen spröde, sie werden daher vorteilhaft mit einem warm aufgezogenen, zähen Stahlring bewehrt und so gegen Bruchgefahr geschützt.

Fertigschlagwerkzeuge, die Formstanzwerkzeuge sind, müssen ganz aus Stahl gefertigt werden. Man wählt entweder einen Einsatzstahl, StC 16.61, oder Kohlenstoffstahl mit etwa 1,1% C oder mit Rücksicht auf die Stoßbeanspruchung besser Chromstahl mit 0,5···12% Cr oder Chrom-Nickelstahl von etwa 0,3···0,5% C, 0,8 ··· 1,2% Cr, 1···2,5% Ni, bzw. die von den Stahlwerken lieferbaren Austauschstähle.

Um die Werkstoffkosten zu verringern, setzt man die größeren Werkzeuge aus mehreren Teilen zusammen, ähnlich Abb. 48 und 49, und fertigt nur die hochbeanspruchten Teile aus hochwertigem Stahl, den aufnehmenden Körper aus Grauguß oder S.M.-Stahl.

Für die hochbeanspruchten Teile, Schnittring *b*, Ziehring *e*, Niederhalter *a* (zugleich Schnittstempel), eignet sich Kohlenstoffstahl von 0,9···1,1% C, Chromstahl mit 2% C und 12···13% Cr oder Chromwolframstahl. Legierte Stähle verziehen sich weniger beim Härten[1].

Wichtig ist die sorgfältige Oberflächenbearbeitung der der Reibungsbeanspruchung unterworfenen Flächen. Sie müssen nach dem Härten und Anlassen geschliffen, geläppt und möglichst gut poliert werden. Die Mühe, die für diese Bearbeitung aufgewendet wird, wird durch störungsfreieren Betrieb, gute Werkstücke, höhere Lebensdauer und längere Standzeit belohnt. „Anfressen" des Ziehblechs ist ohne Phosphatieren auf die Dauer nicht zu vermeiden, aber durch die beschrebenen Maßnahmen in erträglichen Grenzen zu halten.

37. Weite der Ziehöffnung. Bei der Umformung des Ziehblechs stauen sich die Kristalle an der Ziehöffnung, solange sich das Ziehblech im Fließzustand befindet. Die Weite w der Ziehöffnung ist grundsätzlich = der ursprünglichen Blechdicke s_0. Sie wäre groß genug, wenn kein überschüssiger Stoff vorhanden wäre, sondern nur

[1] Vgl. Werkstattbuch Heft 7: H. Herbers, Härten und Vergüten des Stahles.

die Lappen a', b', c', ... (Abb. 1) umgebogen werden müßten; wir nennen deshalb die Weite $w = s_0$ die theoretische Weite (Abb. 108, vgl. Abb. 89, Ziehspalt s_0). Wegen der auftretenden Verdickung ist sie zu schmal, schluckt nicht genügend, so daß das Ziehblech an der Ziehöffnung stark auf Dehnung beansprucht wird.

Die Frage drängt sich auf, ob es nicht ratsam oder gar notwendig ist, zur Vergrößerung der Schluckfähigkeit die Ziehöffnung breiter zu machen, besonders da mit ihr eine erhebliche Verringerung des Ziehwiderstands erreicht würde. Die Möglichkeit, nach dieser Richtung eine Lösung zu finden, ist um so größer, als die Blechtafeln, entsprechend den Forderungen der Blechwalzwerke, verhältnismäßig große Dickenunterschiede in sich und gegeneinander aufweisen, bis zu 0,05 mm (vgl. die

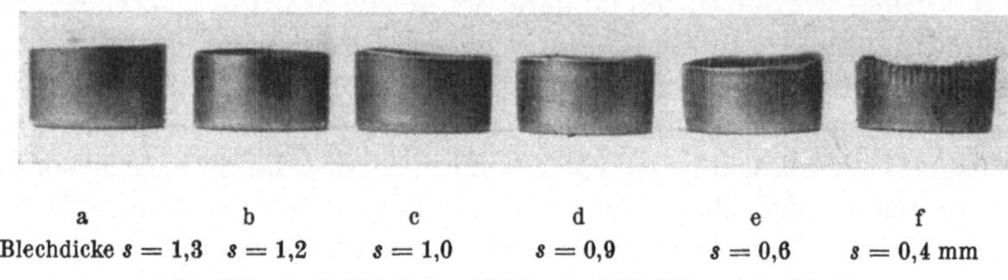

a b c d e f
Blechdicke $s = 1{,}3$ $s = 1{,}2$ $s = 1{,}0$ $s = 0{,}9$ $s = 0{,}6$ $s = 0{,}4$ mm

Abb. 105a···f. Gefäßgüte und Weite der Ziehöffnung für Ms 63.

DIN-Blätter über Toleranzen und Lieferbedingungen für Tiefziehbleche). Da sich dadurch beim Ziehen praktisch keine Anstände ergeben, ist zu folgern, daß die Weite der Ziehöffnung nicht allzu genau zu sein braucht, sofern eine hohe Genauigkeit nicht durch den Verwendungszweck bedingt ist und eine Sonderausführung verlangt.

Es gilt also, die bei einer gegebenen Blechdicke mögliche obere Weite der Ziehöffnung festzustellen. Abb. 105a···f zeigen eine Anzahl Gefäße aus Messing, die mit der gleichen Ziehöffnung von der Weite $w = 1{,}2$ mm, dagegen, wie die Abbildungen angeben, aus verschieden dicken Blechen gezogen wurden. Abb. 106a···d zeigt in derselben Weise gezogene Gefäße aus Stahlblech.

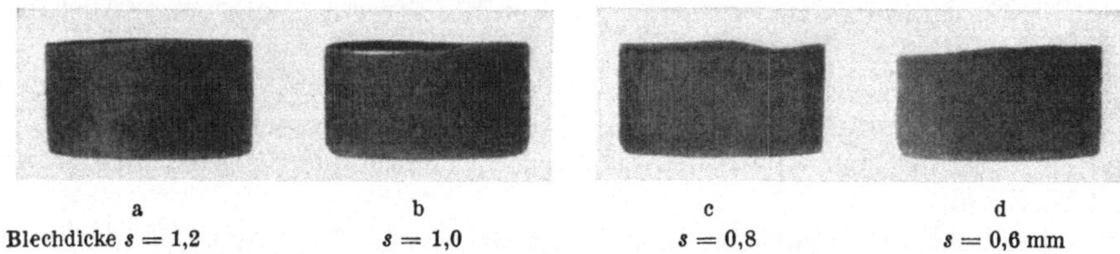

a b c d
Blechdicke $s = 1{,}2$ $s = 1{,}0$ $s = 0{,}8$ $s = 0{,}6$ mm

Abb. 106a···d. Gefäßgüte und Weite der Ziehöffnung für Tiefziehblech (Stahl).

Schon bei oberflächlicher Betrachtung zeigt sich, daß tatsächlich eine obere Grenze für die Weite der Ziehöffnung vorhanden sein muß, denn mit abnehmender Blechdicke zeigt sich immer deutlicher eine Veränderung des Wandprofils, die bei Messing in Abb. 105e u. f am klarsten hervortritt. Hinzu kommt noch eine starke Zungenbildung, wie sie früher als Zeichen unrichtigen Blechhalterdrucks vorgezeigt wurde. Hier ist sie aber eine Folge der weiten Ziehöffnung und als solche nicht zu vermeiden; der Ziehstempel pendelt je nach der Ungleichmäßigkeit des Blechs im Ziehring hin und her und erzeugt so die ungleiche Gefäßtiefe. Aber ganz abgesehen von der Zungenbildung ist das Gefäß in Abb. 105e nur in Ausnahmefällen zu gebrauchen.

Die Entstehung der Profiländerung veranschaulichen die Abb. 107a und b. In Abb. 107a verläßt der Flansch die Führung des Faltenhalters. Die Wand des gezogenen Gefäßes verläuft schräg von der Bodenrundung des Stempels zur Rundung des Ziehrings. Da der Flansch durch die Druckbeanspruchung unter dem Blechhalter verhärtet ist, wird er in der weiten Ziehöffnung nicht mehr ganz gerade gestreckt, sondern bleibt abgerundet. Die Wand des Gefäßes wird infolgedessen von der Mitte ab der Öffnung zu gegen die Senkrechte, nach innen, gebogen (Abb. 107b). Wird die Ziehöffnung noch weiter, so entstehen am Rande der Öffnung Falten, wie in Abb. 105f. Das ist dann der Fall, wenn der Flansch die Führung des Faltenhalters so früh verläßt, daß die Weite der Ziehöffnung immer noch eine Durchmesserabnahme bedingt. Außer diesen Falten (1. Grades) können auch am Anfang des Gefäßes Falten (2. Grades) entstehen, wenn der Gefäßrand am Ende des Zuges den Mantel zu weit gegen die Senkrechte biegt. Eine Verbesserung könnte die Verringerung des Halbmessers der Ziehkantenrundung durch Verlängerung der Blechführung bringen. Doch entständen dadurch neue Schwierigkeiten, auf die erst im nächsten Abschnitt eingegangen wird.

Nach den Abbildungen ist bei *Messing*, wo sogar nach Abb. 105a eine Weite unter der theoretischen möglich ist, die theoretische $w = s_0$ zu nehmen, wenn man einwandfreie Ziehstücke erhalten will, also bei allen Fertigschlagwerkzeugen; während in den Fällen, in denen an die Genauigkeit des Wandprofils keine großen Anforderungen gestellt werden, also wenn Weiterschläge oder Streckzüge folgen, die Ziehöffnung über die theoretische hinaus bis auf $w = 1{,}2\, s_0$ verbreitert wird.

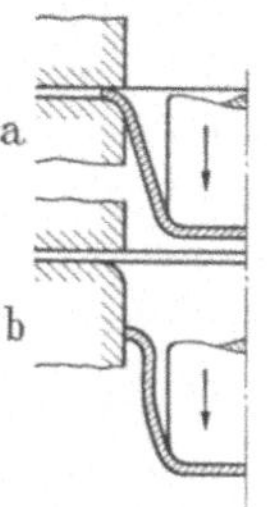

Abb. 107 a u. b. Veränderung der Gefäßform bei zu großer Rundung der Ziehkante. *a* Flansch verläßt den Faltenhalter, *b* fertiges Gefäß.

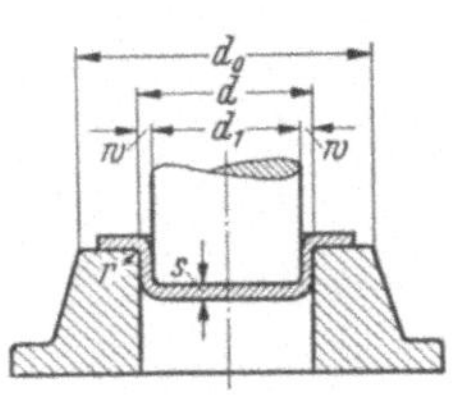

Abb. 108. Weite der Ziehöffnung $w = \frac{1}{2}(d - d_1)$. d = Ziehringdurchmesser. d_1 = Ziehstempeldurchmesser. s Blechdicke, w Spaltweite, r Abrundungshalbmesser am Ziehring.

Ebenso wie bei Messing sind die Verhältnisse bei Silber, Kupfer und Aluminium.

Bei Stahl sind die Verhältnisse insofern anders, als die Veränderung des Wandprofils später und nicht so stark auftritt. Bei einer Blechdicke von 1,0 mm ist das Profil noch unverändert. Es ist also bei Stahl eine Verbreiterung der Weite über die theoretische hinaus bis auf die Größe $w = 1{,}2\, s_0$ auch für einwandfreie Ziehstücke zulässig, während für Züge, denen Weiterschläge folgen, selbst noch die Weite $w = 1{,}3\, s$ bis $1{,}5\, s$ möglich ist.

Die für Stahl gültigen Zugaben gelten ebenso für Zink.

Allgemein bestimmt ist der Ziehringdurchmesser d durch die Gleichung

$$d = d_1 + 2\, w \quad \text{(s. Abb. 108)}$$

oder mit $w = \frac{1}{2}(d - d_1) = s_0 + z$, worin z den Zuschlag zur theoretischen Weite der Ziehöffnung bezeichnet, durch

$$d = d_1 + 2\, s_0 + 2\, z\,.$$

Abb. 109. Weite der Ziehöffnung in Abhängigkeit von der Blechdicke s_0. Zuschläge z zur normalen Weite w.

z ist eine veränderliche Größe und wird von den verschiedenen Firmen den Erfahrungen entsprechend mehr oder weniger genau angegeben. Die Firma Schuler z. B. nimmt $z = 0 \cdots 0{,}2$ mm, wobei die größeren Werte für dickere Bleche und tiefe Züge zu nehmen sind. Anderweitig werden etwas höhere Werte für die Zuschläge empfohlen; sie steigen mit der Blechdicke und sind in der Kurve der Abb. 109 aufgetragen [*8*].

Neuere Versuche haben ergeben, daß eine zu große Weite den Zieherfolg verschlechtert. Das erreichbare Ziehverhältnis ist von $\frac{d_0}{d_1} = 2{,}35$ bei einer Weite von

$w = 1{,}1\,s_0$ zurückgegangen auf $\frac{d_0}{d_1} = 2{,}23$ bei einer Weite von $w = 1{,}4\,s_0$. Es ist deshalb zu empfehlen, die Weite nicht über Gebühr zu vergrößern [*24*].

38. Die Ziehkantenrundung. Wenn man das Ziehwerkzeug Abb. 110 betrachtet und sich vergegenwärtigt, daß der Werkstoff in jedem Augenblick während des Zugs über die Ziehkante abgebogen werden muß, dann ist verständlich, daß die Rundung der Ziehkante für die Ziehkraft von entscheidender Bedeutung sein muß; denn es ist leichter, einen Stab über eine Rundung mit großem Halbmesser zu biegen als über eine Rundung mit kleinem, weil bei dieser die Formänderung des Werkstoffs weit größer ist. Danach wäre es das Nächstliegende, die Ziehscheiben über eine Rundung zu ziehen, deren Krümmungshalbmesser r gleich dem halben Unterschied zwischen Ziehringdurchmesser d und dem Ziehscheibendurchmesser d_0 ist. Dieser Unterschied stellt die Breite b des umzuformenden Blechflansches vor, so daß wäre: $r = \frac{1}{2}(d_0 - d) = b$. So macht man auch die Rundung beim Schlagwerkzeug, dem Ziehwerkzeug ohne Faltenverhüter, das so lange angewendet werden kann, wie die beim Ziehen entstehenden Falten (s. Abb. 111) in der Ziehöffnung wieder beseitigt werden, ohne daß durch eine zu starke Erhöhung der Ziehkraft eine Bruchgefahr für das Blech eintritt und ohne daß die Form des Hohlgefäßes, besonders dessen Rand, in unerwünschter Weise verändert wird.

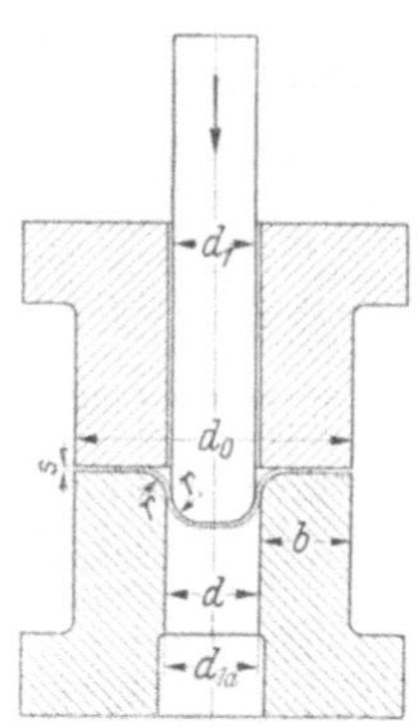

Abb. 110. Ziehkantenrundungshalbmesser. r_s am Ziehstempel, r_z am Ziehring.

Das geht am besten bei sehr dickem Blech, weil dieses den Veränderungen weniger unterworfen ist als dünnes. Wenn aber Falten während des Ziehens verhütet werden müssen, dann muß die Rundung kleiner sein als die Breite des Ziehflansches. Ja, man kann ohne weiteres sagen, daß die Faltenverhütung und daher die Form des Hohlgefäßes um so besser wird, je größer die Breite ist, auf der die Faltenbildung unmöglich ist (s. Abb. 107); denn immer, wenn der Rand des Ziehflansches auf die Ziehringrundung tritt, wird noch eine — wenn auch unbedeutende — Faltenbildung auftreten (Abb. 111), die erst beim Eintritt in die Ziehöffnung ausgeglichen wird. Demnach wäre die Faltenverhütung am vollkommensten, wenn der Rundungshalbmesser $r = 0$ wäre. Dies hätte aber auf die Ziehkraft den ungünstigsten Einfluß, würde sie so beträchtlich steigern, daß auch der seichteste Zug nicht mehr möglich wäre; mit anderen Worten: bei $r = 0$ tritt Scherwirkung ein, die Ziehscheibe wird einfach durchstoßen, ausgeschnitten.

Abb. 111. Einfluß der Rundung, Faltenbildung bei zu großem Rundungshalbmesser. (Falten 2. Grades.)

Den Einfluß der Rundung zeigen unmittelbar die Linien a, b, c in Abb. 112, die ganz klar die Abnahme der Ziehkraft mit zunehmender Rundung für Biegung und Zug, aber auch bei großer Rundung den erneuten Kraftanstieg nahe am Ende des Ziehwegs zeigen, der notwendig ist zum Hochbiegen des Randes, nachdem dieser den Niederhalter verlassen hat. Die Rundung ist zu klein in Abb. 112a, weil die Ziehkraft unnötig groß wird, und sie ist schon bedenklich groß in Abb. 142c, weil die Ziehkraft beim Hochbiegen des Randes höher wird als sie beim Ziehbeginn war.

Es sind also zwei Grenzwerte für die Rundung gefunden, bei denen die Ziehkraft zu groß wird: die kleinste Rundung $r = 0$ und die größte $r = b$. Innerhalb dieser Grenzen muß die für die Ziehkraft günstigste Rundung liegen. Diese zu ermitteln wurde auf die verschiedenste Weise versucht.

Die Rechnung, die MUSIOL unter Zugrundelegung der Biegungsbeanspruchung unternommen hat, konnte nicht zum Ziele führen, da es sich hier um bildsame Formänderungen handelt, zu deren rechnerischer Behandlung die Grundlagen noch nicht vorhanden waren.

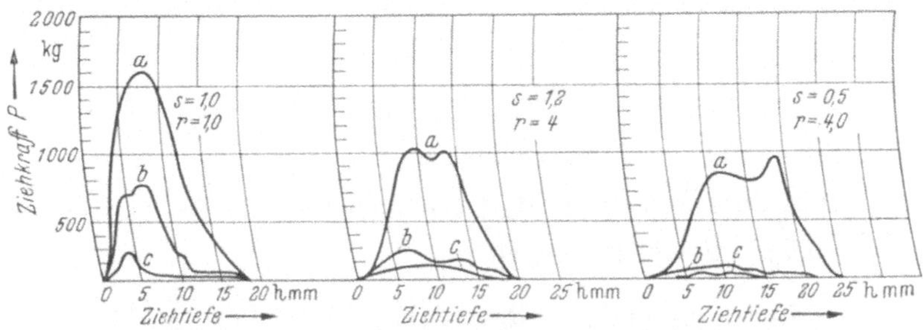

Abb. 112. Ziehkraftänderung durch Veränderung der Ziehkantenrundung. *a* bei Tiefzug mit Niederhalter, *b* bei Biegung mit Niederhalter, *c* bei Biegung ohne Niederhalter.

Die neuere theoretische Behandlung des Tiefzugs hat auch den Einfluß der Ziehkante geklärt. Danach ist zu empfehlen, den Halbmesser der Ziehkante möglichst in den Grenzen von

$$r = 5\,s_0 \quad \text{bis} \quad r = 10\,s_0$$

zu halten. Mit der so festgelegten Größe der Ziehkantenrundung ist das höchstmögliche Ziehverhältnis zu erreichen. Eine Unterschreitung sollte nur vorgenommen werden, wenn das Ziehverhältnis entsprechend klein ist und die Form der Werkstücke die Verkleinerung verlangt [*24*, *3*].

Den Halbmesser der Stempelkantenrundung macht man nach Möglichkeit ebenso groß wie den der Ziehkantenrundung; er kann aber, sofern es die Form des gewünschten Gegenstands verlangt, aus den früher genannten Gründen erheblich kleiner gewählt werden.

Über die Abrundungen bei Weiterschlagwerkzeugen mit und ohne Faltenhalter gibt die Abb. 113 einen guten Überblick. In dieser Abbildung ist für die Abschrägung des Stempels zur Anwendung eines Faltenhalters ein Winkel zur Senkrechten von $\alpha = 52°$ gezeichnet, während anderwärts ein Winkel von 45° als der beste empfohlen wird (vgl. auch Abb. 29, 134). Neuere Versuche haben einen Ziehwinkel von 30° ($2\,\alpha = 60°$) als vorteilhafter erkennen lassen.

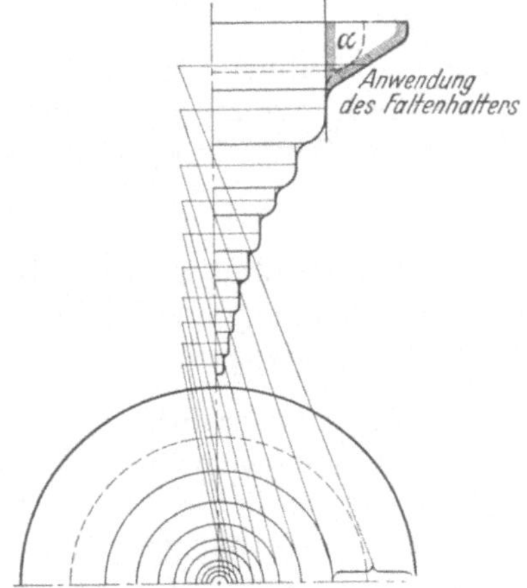

Abb. 113. Stufenübergänge bei einer Folge zylindrischer Züge.

B. Ermittlung des Zuschnitts.

39. Ermittlung des Zuschnitts bei einfachen zylindrischen Hohlgefäßen. Als Grundlage für die Ermittlung des Zuschnitts dient in allen Fällen die Erhaltung des Gewichts G der Ziehscheibe während der Umformung, so daß auch das Gewicht des gezogenen Gefäßes $= G$ ist. Nun ist bei den Erörterungen über die Blechbeanspruchung nachgewiesen worden, daß auch das spezifische Gewicht (die Wichte) während der Umformung gleichbleibt. Infolgedessen ist auch das Volumen des gezogenen Gefäßes gleich dem der Blechscheibe V.

$$V = F_0 \, s_0 = F_1 \, s_m \,, \tag{1}$$

wo bezeichnet:

F_0 die Fläche der Ziehscheibe, s_0 die Blechdicke der Ziehscheibe,
F_1 die Oberfläche des Ziehstücks, s_m die mittlere Blechdicke des Ziehstücks.

Aus Gl. (1) folgt:

$$F_0 = F_1 \, s_m/s_0 \qquad \text{oder} \qquad \text{mit } s_m/s_0 = \alpha \qquad F_0 = F_1 \, \alpha \,. \tag{2}$$

α wird kurz mit Dehnungszahl bezeichnet.

Aus Gl. (2) ist der Durchmesser d_0 der Ziehscheibe ohne weiteres zu berechnen, da $F_0 = \frac{\pi d_0^2}{4}$ oder $d_0 = \sqrt{4/\pi \cdot F_0}$ ist.

$$\text{Mit Gl. (2) wird:} \qquad d_0 = \sqrt{4/\pi \cdot \alpha F_1} = \sqrt{\alpha}\sqrt{4/\pi \cdot F_1} \,. \tag{3}$$

Wir haben also zwei Werte, deren Kenntnis für die Bestimmung des Zuschnitts erforderlich ist:

1. F_1 die Oberfläche des Ziehstücks,
2. α die Dehnungszahl.

Zunächst wird nur die Ermittlung des Zuschnitts zylindrischer Hohlgefäße besprochen, da die Oberflächen der unregelmäßigen Hohlgefäße zur einfachen Ermittlung ihres Zuschnitts auf Zylindermäntel zurückgeführt werden, wie später gezeigt wird.

Für zylindrische Gefäße wird die Oberfläche F_1 der Gl. (3)

$$F_1 = \frac{\pi d_1^2}{4} + \pi \, d_1 \, h = \pi/4 \cdot (d_1^2 + 4 \, d_1 \, h) \,, \tag{4}$$

wo d_1 der lichte Durchmesser,
h die äußere Höhe des Hohlzylinders ist.

Mit diesem Wert für F_1 wird aus Gl. (3)

$$d_0 = \sqrt{\alpha} \cdot \sqrt{d_1^2 + 4 \, d_1 \, h} \,. \tag{5}$$

In der Praxis wählt man bei der Zuschnittsermittlung $\alpha = 1$ und berücksichtigt die Blechdehnung durch eine entsprechende Zuschnittsberichtigung nach den ersten Versuchszügen.

40. Zuschnittsermittlung bei ungleicher Wanddicke. In Sonderfällen ist der Zuschnitt nicht nach Gl. (5) zu errechnen, z. B. nicht, wenn die Wanddicke nach Abb. 144 absichtlich dünner werden soll als die Bodendicke [1]. In diesem Fall geht man von der Volumengleichheit vor und nach der Umformung aus.

Allgemein gilt, daß die Blechdicke s_0 gleich der größten beim Ziehstück vorkommenden Wanddicke sein soll, die immer die Bodendicke sein muß, denn der Boden kann in Weiterschlägen nicht geschwächt werden. Damit wird mit $V = \frac{1}{4} \pi \, d_0^2 \, s_0$

$$d_0 = \sqrt{\frac{4 \, V}{\pi \, s_0}} \tag{6}$$

[1] Für die Blechdehnung wichtig, wenn auch hier nicht besonders behandelt, ist die Größe des Halbmessers der Ziehkantenrundung sowie die Größe des Ziehspaltes [*60*].

Die Frage der Zuschnittsermittlung löst sich damit auf in die Bestimmung des Rauminhalts des zu ziehenden Gefäßes. Ist dessen Form unregelmäßig und also das rechnerische Vorgehen erschwert, so greift man vorteilhaft zum Wiegeverfahren nach dem Archimedes-Grundsatz. Zu diesem Zweck muß ein Muster des gewünschten Arbeitsstücks vorhanden sein. Dieses hängt man an den einen Arm einer Waage, die austariert wird. Alsdann wird das Gefäß ins Wasser getaucht, wo es einen Auftrieb erleidet: es scheint leichter um das Gewicht der verdrängten Wassermenge. Dieses Gewicht wird durch die Waage festgestellt und, da die Wichte des Wassers gleich 1 ist, gibt seine Größe in Gramm das Volumen des Ziehstücks in Kubikzentimetern an.

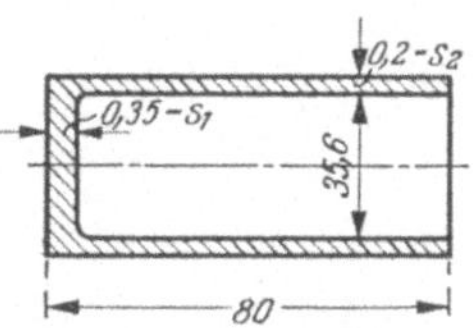

Abb. 114. Hohlgefäß mit geschwächter Wanddicke.

Ist die Form des Ziehstücks einfach, wie in Abb. 114, kommt man rechnerisch rascher zum Ziel; denn für Abb. 114 gilt mit der Wanddicke s_1 und der Bodendicke s_0 und also auch mit $V = \frac{1}{4}\pi\, d_1^2\, s_0 + \pi\, d_1\, h\, s_1$

nach Gl. (6): $$d_0 = \sqrt{d_1^2 + 4\, d_1\, h\, s_1/s_0}\,. \qquad (7)$$

Mit den Zahlenwerten der Abb. 114 ergibt sich aus Gl. (7)

$$d_0 = \sqrt{35{,}6^2 + 4 \cdot 35{,}6 \cdot 80 \cdot 0{,}2/0{,}35} = \sqrt{7765}\ \text{mm} \quad \text{oder} \quad d_0 = 88\ \text{mm}.$$

41. Zuschnittsermittlung bei verjüngten Gefäßen. Hier kann man ebenso wie im eben besprochenen Fall nach dem Wiegeverfahren mit Gl. (6) arbeiten, doch dürfte man auch hier rechnerisch schneller zum Ziele kommen, entweder durch sinngemäße Anwendung der Mantelformel des Kegelstumpfes oder dadurch, daß man den kegeligen Mantel auf einen Zylindermantel zurückführt mit dem mittleren Durchmesser d_{1m} zwischen dem des Bodens d_1 und dem der Öffnung d_1', so daß $d_{1m} = \frac{1}{2}(d_1 + d_1')$. Die Höhe des Zylinders h wird gleich der Länge der Mantellinie l des Kegelstumpfes, also: $h = l$. Zur Ermittlung des Zuschnitts sind nun die beiden Flächen vorhanden, die Bodenfläche des Kegelstumpfes von der Größe $f_1 = \frac{1}{4}\pi\, d_1^2$ und der Zylindermantel $f_2 = \pi\, d_{1m}\, l$. Damit wird die Oberfläche der Ziehscheibe $\frac{1}{4}\pi\, d_0^2 = \frac{1}{4}\pi\, d_1^2 + \pi\, d_{1m}\, l$ und der Durchmesser

$$d_0 = \sqrt{d_1^2 + 4\, d_{1m}\, l}\,. \qquad (8)$$

Mit den Zahlen der Abb 115: $d_1 = 32$ mm, $d_1' = 112$ mm, $d_{1m} = 72$ mm und $l = 205$ mm wird $d_0 = 115$ mm.

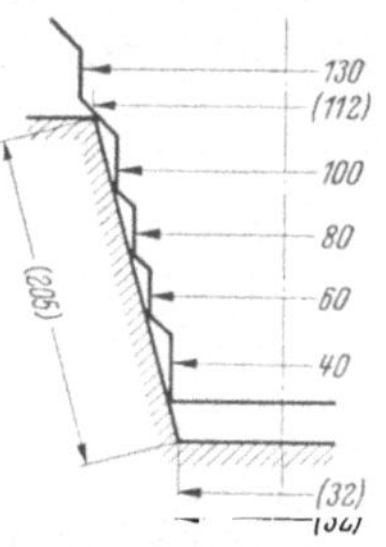

Abb. 115. Stufung für verjüngte Gefäßform.

42. Zuschnittsermittlung bei Umdrehungshohlkörpern mit unregelmäßig geformten Oberflächen. Auch hier ist das Wiegeverfahren mit Gl. (6) ohne weiteres anwendbar. Jedoch ist nicht immer ein Muster des Fertigstücks vorhanden, oder man will nicht immer eins anfertigen. In diesem Fall führt die zweite Art der Zuschnittsermittlung des kegeligen Hohlgefäßes über zur Zuschnittsermittlung von Umdrehungshohlgefäßen mit beliebiger unregelmäßig geformter Oberfläche.

Wenn wir die Umformung des Kegelstumpfmantels in einen Zylindermantel allgemein betrachten, so haben wir als mittleren Durchmesser d_{1m} den Schwerpunktdurchmesser genommen. Zur allgemeinen Feststellung der Größe von d_{1m} teilen wir die Mantellinie des gegebenen Hohlkörpers je nach ihrer Form in gerade und kreisförmige Abschnitte und behandeln die einzelnen Teile als parallele Kräfte, die in den Schwerpunkten der Abschnitte angreifen. Die Resultierende dieser parallelen Kräfte ist zeichnerisch einfach durch das Seileckverfahren zu finden. Der rechtwinklige Abstand der Resultierenden von der Mittelachse gibt die Größe des gesuchten Schwerpunkthalbmessers $r_{1m} = \frac{1}{2}\, d_{1m}$ an, während die Größe der Resultierenden bestimmt ist durch die Summe der einzelne Kräfte, d. h. die Länge einer Mantellinie l des gegebenen Hohlkörpers.

Die Oberfläche der Ziehscheibe ist nun gleich dem Mantel eines Zylinders mit dem Durchmesser d_{1m} und der Mantellinie l, also

$$\pi \tfrac{1}{4} d_0^2 = \pi d_{1m} l \quad \text{oder} \quad d_0 = 2\sqrt{d_{1m} l}, \tag{9}$$

vorausgesetzt, daß bei der Ermittlung der Resultierenden die Grundfläche des Hohlkörpers berücksichtigt worden ist. Hier bedeutet l im Gegensatz zum vorhergehenden Abschnitt die Höhe des Zylindermantels, dessen Oberfläche gleich derjenigen des zu ziehenden Hohlkörpers ist.

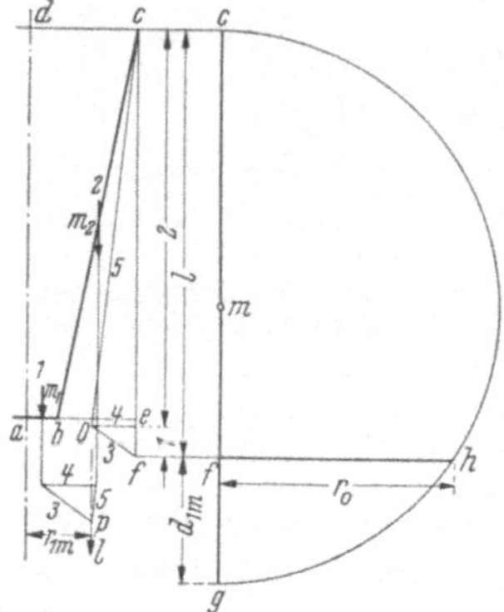

Abb. 116. Zeichnerische Ermittlung des Ziehscheibenhalbmessers für ein verjüngtes (kegelstumpfförmiges) Hohlgefäß.

Abb. 116 wird die zeichnerische Ermittlung verständlich machen. Der Linienzug a, b, c, d ist der halbe Umriß des zu ziehenden Hohlgefäßes, hier das kegelige Gefäß mit den Größen der Abb. 115. Der Linienzug wird in zwei Kräfte zerlegt, die des Bodens *1*, die im Schwerpunkt m_1 angreift, und die der Wand *2*, die im Schwerpunkt m_2 angreift. Die beiden Kräfte *1* und *2* sind parallel und die Aufgabe ist nun, ihre Resultierende der Größe und der Stellung nach zu finden.

Das geschieht am besten mit Hilfe des Seilecks. Die Richtungen der Seileckseiten werden dadurch gefunden, daß man die Kräfte *1* und *2* auf einer beliebigen Parallelen zu ihrer Richtung als $c\,e$ und $e\,f$ abträgt, den beliebigen Punkt *0* als Pol wählt und die Strahlen *3, 4, 5* bzw. $f0$, $e0$, $c0$ zieht. Die Richtungen *3, 4, 5* geben die Richtungen der Seileckseiten an, während $cf = l$ die Länge der Mantelline des gesuchten Zylindermantels angibt.

Man zieht nun eine Parallele zu *3* und durch deren Schnittpunkt mit der Richtung der Kraft *1* eine Parallele zu *4*; dann durch den Schnittpunkt der Parallelen zu *4* mit der Richtung der Kraft *2* eine Parallele zu *5*, die die Parallele zu *3* in p schneidet und so das Seileck, hier ein Dreieck, vervollständigt. Die Resultierende geht durch den Punkt p; sie ist parallel zu den Kräften *1* und *2*. Der Abstand des Punktes p von der Drehachse da des Umdrehungsgefäßes ist: $r_{1m} = \frac{1}{2} d_{1m}$. Mit l und d_{1m} ist Gl. (9) bestimmt und ihre Lösung rechnerisch möglich. Mit

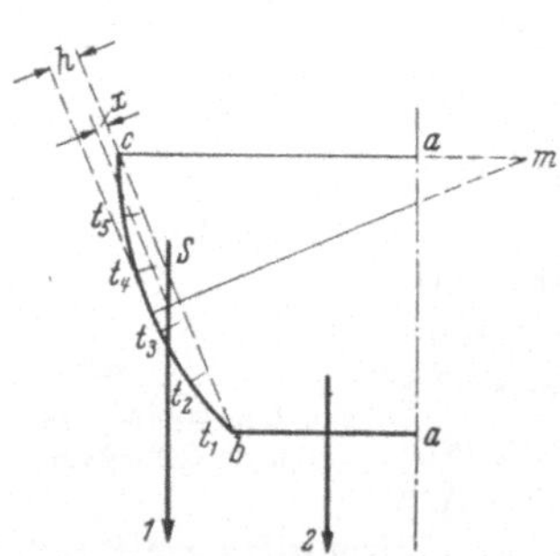

Abb. 117. Zeichnerische Ermittlung des Ziehscheibenhalbmessers für ein Umdrehungshohlgefäß mit einer Mantel-Erzeugenden in der Form des Kreisbogens $b\,c$.

$$\tfrac{1}{2} d_0 = r_0 \quad \text{und} \quad r_0^2 = d_{1m} l \tag{10}$$

ist die völlige Bestimmung des Ziehscheibendurchmessers d_0 rein zeichnerisch möglich. Gl. (10) entspricht dem Höhensatz in einem rechtwickligen Dreieck, wonach das Quadrat über der Höhe flächengleich ist mit dem Rechteck aus den Abschnitten, in die die Hypotenuse durch die Höhe geteilt wird. Es ist also das rechtwinklige Dreieck zu suchen mit der Hypotenuse $c\,g$, den Abschnitten $c\,f = l$ und $f\,g = 2\,r_{1m} = d_{1m}$ und dem Lot in f auf der Hypotenuse als Richtung der Höhe. Der Kreis über $c\,g$ als Durchmesser schneidet das Lot in h, und es ist nach Gl. (10) in dem rechtwinkligen Dreieck $h\,c\,g$ (Katheten $h\,c$ und $h\,g$ nicht gezeichnet)

$$(h\,f)^2 = (c\,f)\,(f\,g) \quad \text{oder} \quad r_0^2 = l\,d_{1m}\,, \quad \text{also} \quad h\,f = r_0\,. \tag{11}$$

Es ist jetzt zu zeigen, wie man die Schwerpunkte und Schwerpunktabstände bei Kreisbögen und beliebigen Kurven erhält. Bei Kreisbögen ist der Schwerpunkt leicht festzustellen. In Abb. 117 ist ein beliebiger Kreisbogen $b\,c$ gegeben. Zieht man die Sehne, dann liegt der Schwerpunkt S auf dem Mittellot der Sehne zwischen dieser und dem Bogen im Abstand $x \approx \frac{2}{3} h$ von der Sehne. Die Länge des Bogens bestimmt man mit dem Stechzirkel dadurch, daß man den Bogen in soviel kleine Teile $t_1, t_2 \cdots t_n$ (und entsprechend Kräfte, s. o.) teilt, daß diese als gerade zu betrachten sind, worauf man die Teile auf einer Geraden *1* aufträgt. Die dem Bogen entsprechende Kraft ist $1 = \sum t_n$ der Größe nach; sie geht durch den Schwerpunkt S parallel zur Achse a—a.

Die Kraft *2*, die der Bodenerzeugenden entspricht, ist der Größe nach = Strecke $a\,b$ und geht parallel *1* durch den Mittelpunkt von $a\,b$.

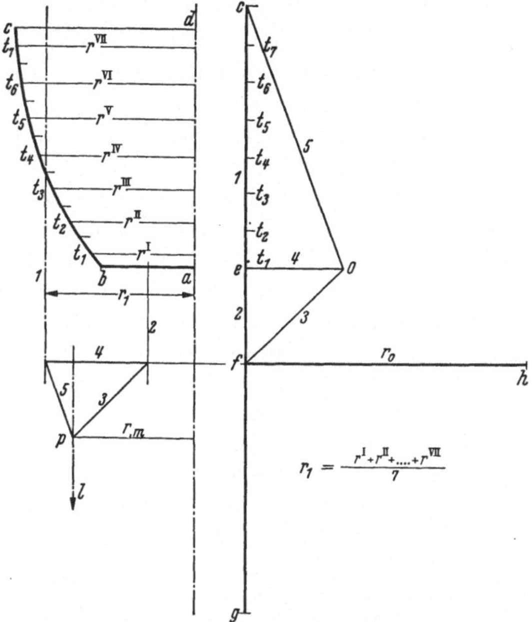

Abb. 118. Umdrehungshohlgefäß mit einer Mantelerzeugenden beliebiger Form.

Bei beliebigen Kurven (Abb. 118), bei denen man einen Näherungskreis nicht mit genügender Genauigkeit ziehen kann, hat man keinen Anhalt für den Schwerpunkt. Man teilt die Kurve daher von vornherein in eine Anzahl kleiner, aber gleich großer Teile, $t_1, t_2 \ldots t \ldots t_n$, die als Gerade zu betrachten sind. Die Schwerpunkte $m_1, m_2 \ldots m_n$ von geraden Strecken sind als deren Mittelpunkte bekannt, so daß auch die Schwerpunkthalbmesser r^I, $r^{II} \ldots r^n$ der einzelnen Teile gegeben sind. Aus diesen ergibt sich der Schwerpunktsdurchmesser der Kurve, da alle Teile t gleich groß sind, aus

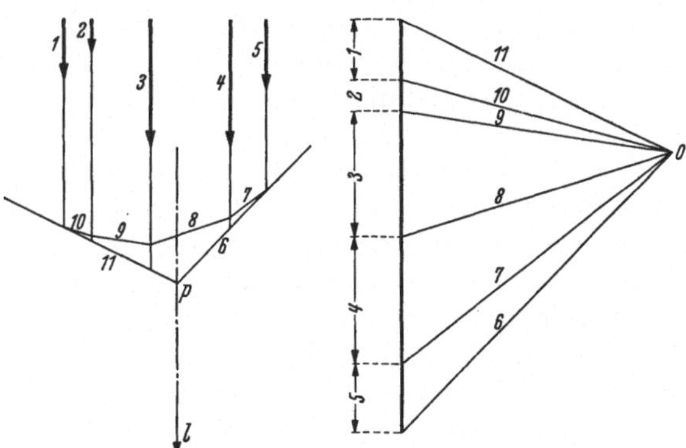

Abb. 119. Erweiterung der zeichnerischen Ermittlung von einem Anstoß (Absatz) in der Form für beliebig viele Anstöße.

$$r_1 = 1/n \cdot (r^I + r^{II} \ldots + r^n)\,, \tag{12}$$

während die Länge der Kurve als Summe der geraden Teile $t_1, t_2 \ldots t_n$ erhalten wird.

Bei Abb. 118 ist auch der Zuschnittsdurchmesser noch einmal zeichnerisch ermittelt. Da die Bezeichnungen dieselben sind wie in Abb. 116, erübrigt sich eine besondere Erklärung.

Bis jetzt wurden nur Fälle behandelt, bei denen das Hohlgefäß einmal abgesetzt war. Wenn das Hohlgefäß mehrmals abgesetzt ist, treten mehrere Kräfte auf. Abb. 119 zeigt, wie für 5 Kräfte die Resultierende nach dem Seileckverfahren bestimmt wird. Von den 5 Kräften zu einer beliebig großen Zahl überzugehen, dürfte nunmehr keine Schwierigkeiten mehr machen.

Damit sind die Grundlagen geschaffen für die Zuschnittsermittlung beliebig geformter Umdrehungskörper. Der nächste Schritt führt zu beliebig geformten Hohlkörpern, die nicht Umdrehungskörper sind.

43. Ermittlung des Zuschnitts beliebig geformter Hohlkörper mit zwei Symmetrieachsen. Der einfachste Hohlkörper dieser Art hat den rechteckigen Querschnitt, jedoch von Ecken im eigentlichen Sinn kann man nicht reden, sondern nur von Kreisen mit größeren und kleineren Halbmessern. Der Mantel der sog. rechteckigen Hohlkörper ist also zusammengesetzt aus ebenen Flächen und Teilen eines Zylindermantels. Die ebenen Flächen ihrerseits sind zu betrachten als Mantelteile eines Zylinders mit dem Halbmesser $r_1 = \infty$. Für einen solchen ist $F_s = 0$, d. h. bei der Umformung dieser Scheibe in einen Zylinder ist kein überschüssiger Werkstoff vorhanden, also auch keine Dehnung, so daß $\alpha = 1$. Ein rechteckiger Hohlkörper ist mit dieser Voraussetzung ein Hohlkörper, dessen Mantel aus Mantelabschnitten von Zylindern mit verschieden großen Durchmessern r_1 zwischen $r_1 = 0$ bis $r_1 = \infty$ zusammengesetzt ist. Bei dem einen Grenzfall $r_1 = 0$ schrumpft der Kreis zum Mittelpunkt zusammen und führt auf scharfe Kanten. Der Grenzfall $r_1 = \infty$ entspricht geraden Flächen und reiner Biegung. In Abb. 120 ist ein Viertel des Grundrisses eines rechteckigen Hohlkörpers durch den Linienzug $a\,b\,c\,d$ und den Mittellinien $m_1\,m_1$ und $m_2\,m_2$ gegeben; die zu ziehende Höhe ist h. Zur Bestimmung des Zuschnitts haben wir nach den obigen Feststellungen über die Strecken $a\,b = l$ und $c\,d = m$ ebene Flächen zu biegen von der Größe $l \cdot h$ bzw. $m \cdot h$, während über den Viertelkreis $b\,c$ ein Zylinder zu formen ist mit dem Durchmesser $d_1 = 2\,r_1$. Für diesen Zylinder wird der Zuschnittsdurchmesser $d = 2\,r_0$ mit Berücksichtigung der Blechdehnung berechnet. Damit ist die Zuschnittsfläche durch den Linienzug $e\,f\,g\,h\,i\,k$ gegeben. Es leuchtet aber ohne weiteres ein, daß der schroffe Übergang von den Rechtecksflächen zu dem Kreis, also von f nach g und von h nach i nicht zugelassen werden kann, sondern daß ein allmählicher Übergang gesucht werden muß. Dabei ist darauf zu achten, daß der Übergang die Zuschnittsfläche F unverändert läßt; der Übergang kann nach Abb. 121 A durch einen Kreisbogen K oder nach Abb. 121 B durch eine Parallele P zu $f\,i$ erfolgen. Die Parallele ist zu bevorzugen, weil die dadurch geschaffene ebene Übergangsfläche einfacher und rascher zu bearbeiten ist.

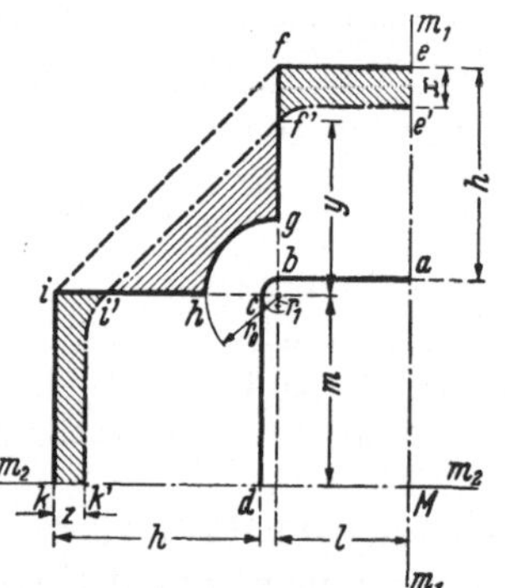

Abb. 120. Zuschnittsberechnung für Hohlgefäße mit rechteckigem Boden (rechteckige Hohlgefäße).

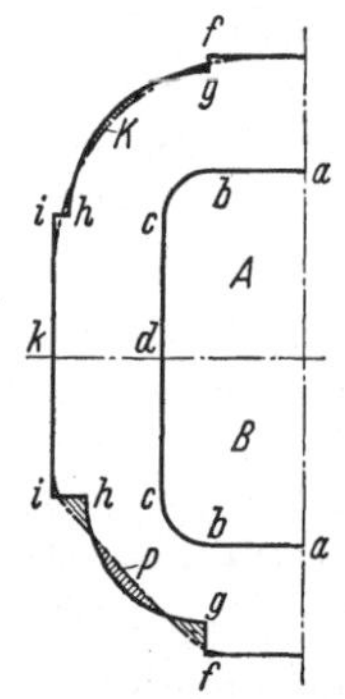

Abb. 121. Übergänge an den Zuschnittsecken für rechteckige Hohlgefäße.

In jeder Beziehung der einfachste Übergang wäre die Strecke $f\,i$ selbst. Für diesen Fall muß sein mit $d = 2\,r_0$ (Abb. 120):

$$\pi\, d^2/16 = \tfrac{1}{2}\,(h + r_1)^2 \quad \text{oder mit} \quad \pi\, d^2/16 = F \quad \text{und} \quad \tfrac{1}{2}\,(h + r_1)^2 = J$$

$$F = J\,. \tag{13}$$

Die Gl. (13) stellt ein Kennzeichen dar, da, wenn sie erfüllt ist, den Seitenflächen weder etwas hinzugefügt noch etwas genommen werden muß. Wenn $F > J$, liegt die Parallele zu $f\,i$ außerhalb Dreieck $O\,f\,i$, worin O der Mittelpunkt des mit r_1 beschriebenen Kreises ist, dann muß den Seitenflächen zu dem ermittelten Zuschnitt eine bestimmte Werkstofffläche (▤ Abb. 121*B*) hinzugefügt, und wenn $F < J$, liegt die Parallele zu $f\,i$ innerhalb $O\,f\,i$, dann muß von den Seitenflächen eine bestimmte Werkstofffläche (▤ Abb. 120) abgeschnitten werden; diese (▤ Abb. 120) muß von der Ziehscheibe des Zylinders weggenommen bzw. zu ihr hinzugefügt werden. Diese Größe ist jeweils zu errechnen aus der Differenz $J - F = F_a$.

Ist $F = 0$, heißt es: Strecke $f\,i$ ziehen, ist F_a positiv: Seitenflächen vergrößern und ist F_a negativ: Seitenflächen verkleinern!

Es ist nun zu untersuchen, wie die Fläche F_a zu verteilen ist. Da, wie schon oben gesagt, die Zunahme bzw. Abnahme der Seitenflächen ebenso groß sein muß wie die Abnahme bzw. die Zunahme der Ziehscheibe des Zylinders, muß die Ausgleichfläche gleich $F_a/2$ sein.

Wenn der Kreisbogen, der die Größe der Ziehscheibe des Zylinders angibt, die Strecke $f\,i$ schneidet, dann ist die auszugleichende Fläche so klein, daß man den Ausgleich am besten und einfachsten schätzt oder, sofern Koordinatenpapier vorhanden, durch Abzählen der Quadrate vornimmt. Ist der Scheibendurchmesser sehr klein, wie in Abb. 120, so daß die auszugleichende Fläche sehr groß ist, dann muß man die Rechnung weiterführen. Zunächst wird die Größe der Ausgleichfläche F_a bestimmt; es ist

$$F_a = \tfrac{1}{2}\,(h + r_1)^2 - \pi/16 \cdot d^2 .$$

Daraus sind die Abschnitte $O\,f' = y$ und $O\,i' = y$ zu bestimmen, die die Parallele zu $f\,i$ auf den Strecken $O\,f$ und $O\,i$ abschneidet, da

$$\tfrac{1}{2}\,y^2 = \tfrac{1}{2}\,F_a + \pi/16 \cdot d^2 , \qquad y^2 = F_a + \pi/8 \cdot d^2 .$$

Mit dem obigen Wert von F_a wird $y^2 = 1/2\,(h + r_1)^2 - \pi/16 \cdot d^2 + \pi/8 \cdot d^2$ oder

$$= \tfrac{1}{2}\,(h + r_1)^2 + \pi/16 \cdot d^2$$

und
$$y = \sqrt{\tfrac{1}{2}\,(h + r_1)^2 + \pi/16 \cdot d^2} .$$

Mit den Werten: $h = 40$ mm (Abb. 122), $r_1 = 3$ mm, $d = 2\,r_0 = 28$ mm

wird
$$y = \sqrt{\tfrac{1}{2}\,(40 + 3)^2 + \pi/16 \cdot 28^2} = 33 \text{ mm} .$$

Eine so große Fläche wie hier, wo $F_a = 771$ mm², kann an den Seitenflächen nur durch Verringerung der Höhe h ausgeglichen werden. Dazu soll auf der schmalen Fläche die Höhe um x, auf der breiten um z gekürzt werden, und zwar derart, daß die Flächenstücke, um die die Seitenflächen gekürzt werden, gleich sind, also

$$l\,x = m\,z \qquad \text{oder} \qquad x = m\,z/l$$

dann muß aber auch $2\,m\,z = \tfrac{1}{2}\,F_a$ oder $z = F_a/4\,m$ sein.

Mit den Werten der Abb. 122 wird

$$z = 771/138 = 5{,}6 \text{ mm.} \qquad x = 34{,}5/27 \cdot 5{,}6 = 7{,}2 \text{ mm.}$$

Es wäre auch eine andere Verteilung der auszugleichenden Fläche auf die Seitenflächen möglich, als sie eben vorgenommen wurde; es ist aber vorteilhaft, von der schmalen Fläche ebensoviel wegzuschneiden wie von der breiten, denn die Beobachtung der Ziehstücke zeigt, daß an den schmalen Seitenflächen der Werkstoff sehr langsam nach innen gezogen wird, weil diese Fläche noch sehr stark von der Verdickung in den Ecken in Mitleidenschaft gezogen wird. Die Verdickung wirkt sich nach den Seiten aus, mit der Entfernung von den Ecken in der Dicke abnehmend.

Das Gefäß der Abb. 122 ist wirklich ausgeführt worden; der Zuschnitt wurde jedoch ohne Rechnung durch Versuche bestimmt. Der Linienzug, der durch die Versuche ermittelt wurde, stimmt mit großer Annäherung mit dem errechneten überein, nur die schmale Seitenfläche wurde, allerdings zum Nachteil, bei der praktischen Ausführung größer gemacht. Wie gut die Rechnung mit dem Versuchswert übereinstimmt, zeigt der Vergleich der errechneten und der versuchsweise ermittelten Zuschnittsfläche, F_{er} bzw. F_{ver}. Es ist $F_{er} = 2545\,\text{mm}^2$, $F_{ver} = 2610\,\text{mm}^2$. Der Unterschied ist $50\,\text{mm}^2 \approx 2\%$, eine durchaus hinreichende Genauigkeit.

Das Hohlgefäß der Abb. 122 wurde aus 0,8 mm Messingdruckblech gezogen und stellt wohl das äußerste vor, was von einem Ziehblech und noch mehr von einem Werkzeug verlangt werden kann. Tatsächlich ist das Werkzeug auch in den Ecken wiederholt gesprungen.

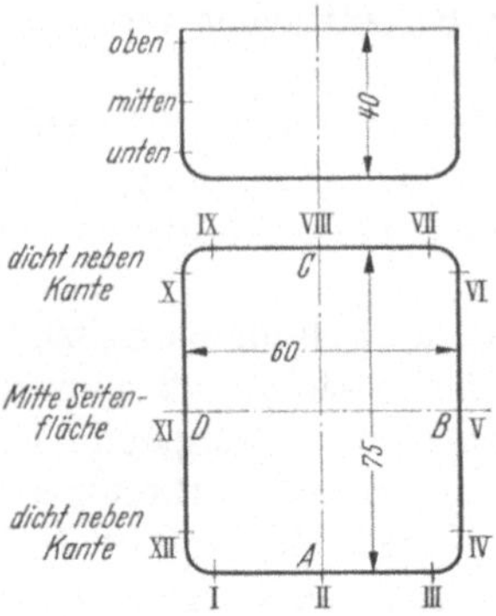

Abb. 122. Änderung der Blechdicke beim Ziehen rechteckiger Hohlgefäße.

Tabelle 7. *Wanddicken des Gefäßes Abb. 122.*

		oben	mitten	unten
A	I. dicht neben Kante	0,90	0,85	0,26
	II. Seitenflächenmitte	1,00	0,97	0,40
	III. dicht neben Kante	1,04	1,00	0,35
B	IV. dicht neben Kante	0,90	0,88	0,34
	V. Seitenflächenmitte	1,02	0,95	0,41
	VI. dicht neben Kante	1,00	0,95	0,33
C	VII. dicht neben Kante	0,96	0,92	0,29
	VIII. Seitenflächenmitte	0,98	0,97	0,40
	IX. dicht neben Kante	1,02	0,98	0,27
D	X. dicht neben Kante	0,92	0,37	0,29
	XI. Seitenflächenmitte	0,95	0,43	0,36
	XII. dicht neben Kante	0,98	0,43	0,30

Es dürfte deswegen nicht unwesentlich sein, die Änderung der Wanddicken an Hand von Abb. 122 in Tabelle 7 bekanntzugeben. Aus den in dieser Tabelle enthaltenen Werten ist die Dehnungsziffer für den Zylinder zu errechnen zu: $\alpha = 0{,}86$. Auch die Seitenflächen erfahren dicht am Boden eine starke Schwächung und damit eine Dehnung. Dies ist nur natürlich, denn sie werden, wie die Verteilung der Zuschnittsfläche zeigt, bei der Umformung stark in Mitleidenschaft gezogen. Der Werkstoff, der an den Ecken zu viel ist, muß nach den Seitenflächen abwandern. Diese Abwanderung ist ohne Stauchwirkung und Verdickung, die ihrerseits wieder Anlaß gibt zu einer Blechbeanspruchung auf Dehnung, nicht möglich. Infolge der Verdickung wird die Blechdicke des Flansches unter dem Faltenhalter auf 0,97···1,04 mm erhöht, wenn das Gefäß zur Hälfte in die Matrize gezogen ist.

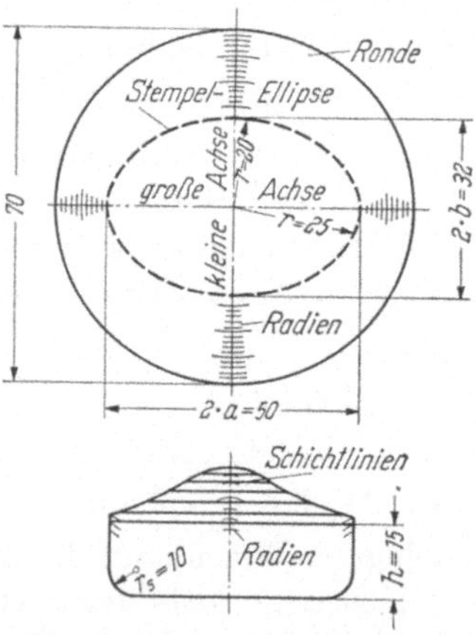

Abb. 123. *a* Radiennetz auf der Ziehscheibe; *b* Schichtliniennetz auf dem gezogenen Werkstück zur Erleichterung der Zuschnittsermittlung für ovale Gefäße. (Radien-Schichtlinienverfahren.)

Abb. 124. Gezogene ovale Gefäße, deren Zuschnitte rechnerisch bestimmt worden waren.

Die Rundung der Ziehstempelkante des gezogenen Gefäßes hat den Halbmesser $r' = 4$ mm; obgleich dieser Halbmesser ziemlich klein ist, wird der Boden in den Ecken auf 0,65···0,60 mm geschwächt.

Die Zuschnittsermittlung rechteckiger Hohlkörper entspricht durchaus der Zuschnittsermittlung beliebiger Hohlkörper. Diese werden, wie die rechteckigen, in bekannte einfache Formen zerlegt, für die einzeln die Zuschnittsflächen in bekannter Weise ermittelt werden. Alsdann werden die Zuschnittskurven der einzelnen Körper stetig ineinander übergeführt, ohne daß die Gesamtgröße der errechneten Zuschnittsfläche eine Änderung erfährt. Die Berechtigung der getrennten Behandlung ist durch das Beispiel des rechteckigen Hohlkörpers trefflich erwiesen.

Eine Möglichkeit, die Übergänge von einer Teilform zur anderen mit großer Genauigkeit zu finden, bietet das Radienschichtlinienverfahren, bei dem die Halbmesser der Teilmantelabschnitte auf der Ziehscheibe für die verlangte Ziehtiefe mit Hilfe eines in die Ziehscheibe eingeritzten Gitternetzes ermittelt werden, Abb. 123a, b. Zur Ermittlung werden in der Regel 5 Versuchszüge durchgeführt. Die Versuchsstücke lassen erkennen, welcher Zuschnittshalbmesser bei jedem Teilmantel mit der gewünschten Ziehtiefe zusammenfällt. Wie Abb. 124 zeigt, sind die mit dem Verfahren erreichbaren Ergebnisse recht befriedigend, denn die dargestellten Ziehteile haben einen praktisch als eben zu bezeichnenden Rand. Das Verfahren läßt sich unschwer auf Gefäße mit rechteckigen Querschnitten und auf beliebig gekurvte Umgrenzungen von Gefäßen anwenden [*16*].

C. Die Abstufung der Züge.

44. Die Abstufung bei zylindrischen Hohlkörpern. Neben der genauen Zuschnittsermittlung ist die richtige Stufung der Züge die Hauptaufgabe des Ziehwerkzeugbaues. Zuschnitts- und Stufungsberechnung bedingen zusammen maßgeblich die Wirtschaftlichkeit der Zieharbeiten.

Trotz der hervorragenden Stellung, die die Ziehtechnik in wichtigen Zweigen der Industrie einnimmt, haben sich die Vertreter der Wissenschaft früher nur wenig mit ihr befaßt, so daß selbst über ihre Grundlage heute noch die verschiedensten Ansichten verbreitet sind. Eine Übersicht über diese gibt Tabelle 8 als eine Sammlung von Erfahrungswerten, deren Brauchbarkeit erwiesen ist. Unter diesen sind 4 Gruppen zu unterscheiden: die erste Gruppe gibt ganz bestimmte, für alle Bleche und alle Scheibendurchmesser gleichermaßen gültige Werte, die zweite Gruppe gibt ebenfalls gleichbleibende Werte, unterscheidet aber zwischen 2 Blechdicken, die dritte Gruppe gibt für verschiedene Blecharten verschiedene Abstufungen, und die vierte Gruppe endlich gibt mit wachsendem Durchmesser der Ziehscheibe abnehmende Stufen. Keine der Gruppen äußert sich darüber, wo und wie oft Zwischenglühungen eingeschaltet sind.

Sicher hat jede der Gruppen bestimmte Erfahrungen berücksichtigt, woraus zu schließen ist, daß die erste Gruppe ihre Abstufungszahl m so hoch genommen hat, daß sie für alle Fälle gilt und als oberer Grenzwert der Abstufungszahl anzusehen ist, daß nach der zweiten Gruppe die Abstufungszahl mit zunehmender Blechdicke abnimmt und nach der dritten Gruppe von der Werkstoffart abhängig ist und daß endlich nach der vierten Gruppe die Abstufungszahl wächst mit der Zunahme des Ziehscheibendurchmessers.

Eine einwandfreie Untersuchung über die zahlenmäßigen Zusammenhänge war nicht vorhanden, jedoch ist so viel sicher, daß bei Scheiben mit einem Durchmesser von weniger als 100 mm im Anschlag eine erheblich größere Abstufung möglich als

Tabelle 8. Übersicht über die gebräuchlichen Stufungszahlen m (in %).

	Anschlag $d_1 = (m/100) \cdot d_0$					Weiterschlag $d_n = (m/100) \cdot d_{n-1}$ mit Faltenhalter					ohne Faltenhalter	
	1.	2.	3.	4.	5.	1.	2.	3.	4.	5.	6.	7.
Stahlblech (Tiefziehqualität) bis 2 mm	60	60	56	$56+0{,}02 \cdot d_0$	$56 + 0{,}016 \cdot d_0$	85	80	80	$76+0{,}025\, d_{n-1}$	$76+0{,}02\, d_{n-1}$	wie mit Faltenhalter	90/93
über 2 mm	60	60	56	desgl.	—	85	83	83	desgl.	—		90/93
Messing, Tombak, Kupfer, Silber bis 2 mm	60	60	50	desgl.	—	85	80	75	desgl.	—		90/93
über 2 mm	60	60	52	desgl.	—	85	83	75	desgl.	—		90/93
Aluminium bis 2 mm	60	60	55/60	desgl.	—	85	80	80	desgl.	—		90/93
über 2 mm	60	60	55/60	desgl.	—	85	83	83	desgl.	—		90/93
Zink	—	—	70/75	—	—	—	—	91	—	—		—

1. Ing. Wildner, Leipzig: Anz. Berg-, Hütten- u. Masch.-Wes. 1922 19. Januar. 2. Ing. Kaczmarek: Die moderne Stanzerei, Abb. 8. 3. L. Schuler, Göppingen. 4. Deutscher Ausschuß für technisches Schulwesen. 5. Ing. Musiol. 6. Ing. Kaczmarek. 7. Werkst.-Techn. 1912 S. 341; Machinery 1924 12. Juni.

in der Tabelle 8 angegeben ist. Die Abstufungszahl kann abnehmen bis $m = 40$, ja sogar bis $m = 30$. Für den Fall des rechteckigen Hohlkörpers ist sie für den Zylinder sogar nur $m = 23$. Hierauf sei ausdrücklich hingewiesen, um eine sinngemäße und befriedigende Anwendung der Tabelle 8 und eine möglichst wirtschaftliche Arbeitsstufung zu ermöglichen.

Die Abstufung für den Anschlag darf auch dann nicht wesentlich über die angegebenen Werte hinaus vergrößert werden, wenn die Ziehtiefe gering ist, das Gefäß also nur wenig in den Ziehring gezogen wird, weil die Faltenbildung zu stark würde und deshalb der Faltenhalterdruck so groß sein müßte, daß das Blech einfach durchstoßen würde. So ist es nicht möglich, aus einer Scheibe vom Durchmesser $d_0 = 200$ mm einen Zylinder mit dem Durchmesser $d_1 = 75$ mm und der Höhe $h = 10$ mm in einem Ziehgang fertigzustellen, sondern es sind 3 Ziehgänge nötig mit den Durchmessern $d_1 = 110$ mm, $d_2 = 85$ mm und $d_3 = 75$ mm. Sollte es nicht genügen, im ersten Ziehgang nur so viel Werkstoff in die Matrize zu ziehen, wie zur Ausbildung des gewünschten Gefäßes erforderlich ist, so muß der Flansch nach dem letzten Ziehgang wieder gestreckt werden.

Umfangreiche Versuche von Beiszwänger und Schwandt zur Feststellung der höchsten erreichbaren Ziehverhältnisse sowohl im Anschlag, als auch durch Weiterschläge mit und ohne Zwischenglühungen haben zu Ergebnissen geführt, die die Kurven der Abb. 125a, b, c zeigen [*3*].

Die günstigsten Gesamtziehverhältnisse wurden erzielt, wenn die Ziehverhältnisse im Anschlag möglichst hoch genommen wurden. Mit den Ziehverhältnissen im Anschlag

$$\beta_1 = \frac{1}{m}$$

$$= \frac{d_0}{d_1} = 2{,}24 \text{ (für Ms 63 — 0,8 mm)}$$

$$= 2{,}10 \text{ (für Al 99,8 — 1,25 mm)}$$

$$= 2{,}23 \text{ (für St VIII. 23 — 1,25 mm)}$$

$$= 2{,}18 \text{ (für rosts. St. 304 — 1,2 mm)}$$

sind mit einem Weiterschlag folgende größten Ziehverhältnisse erreicht worden:

$$\beta_{ges} = \frac{d_0}{d_2} = 3{,}0 \quad \text{(für Ms 63)}$$
$$= 2{,}81 \quad \text{(für Al 99,8)}$$
$$= 3{,}37 \quad \text{(für St VIII. 23)}$$
$$= 2{,}88 \quad \text{(für rostsich. St. 304).}$$

Weitere Angaben enthält Tabelle 9.

Tabelle 9. *Im Anschlag, im 1. Weiterschlag und insgesamt erreichbare Ziehverhältnisse für verschiedene Werkstoffe, verschiedene Blechdicken bei einer Ziehkantenrundung* $r_{Matr.} = 5\,s_0$ *und einem Ziehwinkel* $2\alpha = 45°$.

Werkstoff	Dicke s_0 mm	Ziehsch. ∅ d_0 mm	Ziehst. ∅ 1. Weiterschlag d_1 mm	Ziehverhältnis: Anschlag $\beta_1 = \frac{d_0}{d_1}$	Ziehverhältnis: 1. Weiterschlag $\beta_2 = \frac{d_1}{d_2}$	Ziehverhältnis: Gesamt $\beta_{ges} = \frac{d_0}{d_2}$
Ms 63	0,8	96	32	2,10	1,43	3,0
	1,0	100	34,3	2,19	1,33	2,92
	1,25	102	34,3	2,23	1,33	2,98
Al 99,8	1,25	90	32	1,97	1,43	2,81
St VIII. 23	1,0	96	33	2,1	1,43	3,0
mit Textur	1,25	100	29,7	2,19	1,54	3,37
ohne Textur	1,25	100	33	2,19	1,43	3,03
Rostfreier Stahl	1,2	99	34,3	2,17	1,33	2,88

Für die Zahl der Glühungen sind bestimmte Anhaltspunkte nicht zu geben, da sie wesentlich durch die Ziehform bedingt ist.

Wenn die Form des Ziehstückes einfach ist und die größtmögliche Verformung angestrebt wird, ist eine Glühung mindestens erforderlich, wenn die zulässige Kalthärtung erreicht ist. Diese liegt für Messing zwischen einer Brinellhärte von 160 und 180 kg/mm², für Stahl bei etwa 200 kg/mm². Die zulässigen Grenzhärten werden erreicht bei Messing durch einen Umformungsgrad m von 45···55%, bei Stahl von 60···80%.

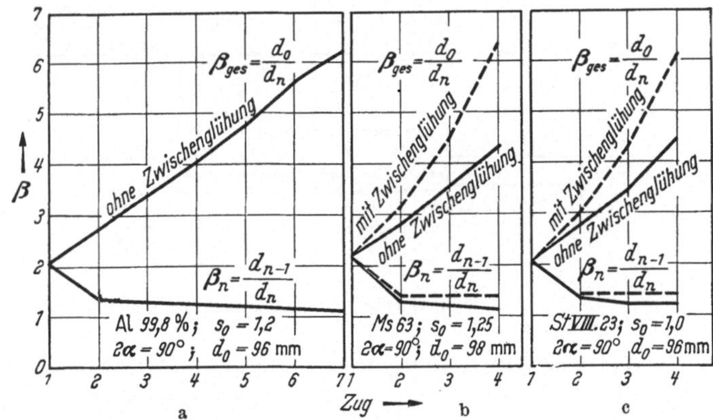

Abb. 125. Erreichbare Ziehverhältnisse und Ziehstufen im Anschlag und in Weiterschlägen mit und ohne Zwischenglühungen. *a* mit Al 99,8; *b* mit Ms 63; *c* mit St VIII.23.

Oft ist die Form des Ziehstückes verwickelt und läßt die volle Ausnutzung der Bildsamkeit des Ziehbleches nicht zu. In solchen Fällen wird man versuchen, den folgenden Ziehgang ohne Zwischenglühung auszuführen. Ist dies ohne unzulässig viel Ausschuß nicht möglich, muß zuvor geglüht werden.

Die Stufung von Werkstücken besonderer Formen hat H. BRASCH zum Gegenstand eingehender Untersuchung gemacht [*4*]. In einer großen Reihe von Versuchen stellt er fest, daß

1. die Abstufungszahl $m = d_n/d_{n-1} \cdot 100$, das Verhältnis des neuen Ziehdurchmessers zum vorhergehenden, sich immer mehr dem Wert 100 (%) nähert,

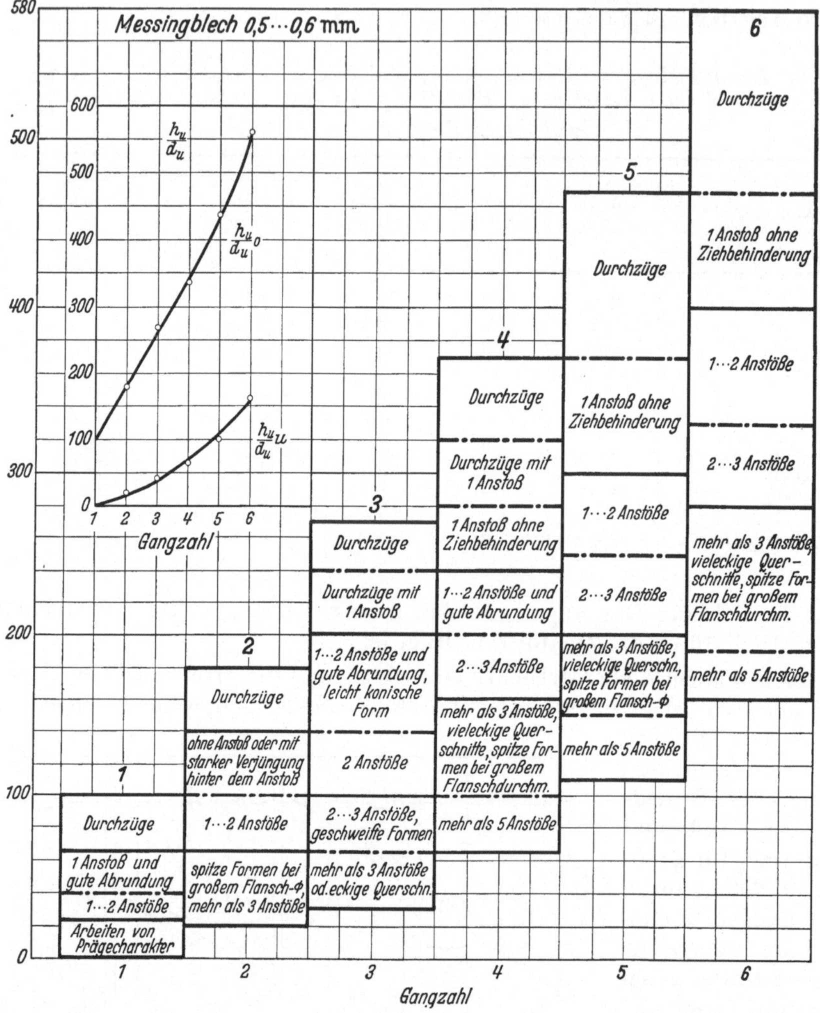

Abb. 126. Beeinflussung der Stufungsmöglichkeit durch die Zahl der Anstöße.

2. das Verhältnis h_n/d_n linear abhängig ist von der Zahl der Ziehgänge und
3. das Produkt $d_n \cdot h_n$, Ziehdurchmesser · Ziehtiefe, durch alle aufeinanderfolgenden Abstufungen gleichbleibt.

Da für den Scheibendurchmesser Ziehgang 0, $d_n : h_n = 0$, und für den Endzug $d_n : h$ mit der Form des verlangten Hohlkörpers und aus den Angaben BRASCHS in Abb. 126 die notwendige Zahl der Ziehgänge bekannt ist, läßt sich die Gerade ermitteln, die die Abhängigkeit der Stufen von den Ziehgängen darstellt und mit ihr die Größe der Verhältnisse $h_n : d_n$ für alle Ziehgänge.

Aus der Form des Gefäßes ist aber auch das Produkt

$$d_n h_n = a$$

bekannt. Dieses bleibt durch alle Ziehgänge gleich, so daß

$$d_1 h_1 = d_2 h_2 = \cdots = d_n h_n = a$$

und mit $h_1/d_1 = b_1$, $h_2/d_2 = b_2 \ldots$ usw., $h_n/d_n = b_n$,

die Ziehtiefen h_1, h_2 zu errechnen sind aus

$$d_1 h_1 \cdot h_1/d_1 = a\, b_1 \quad \text{oder} \quad h_1^2 = a\, b_1 \quad \text{und} \quad h_1 = \sqrt{a\, b_1}\,;$$

ebenso $h_2 = \sqrt{a\, b_2}$ usw., $h_n = \sqrt{a\, b_n}$;

und die Ziehdurchmesser d_1, d_2 usw. aus $d_1 = a/h_1$ zu:

$$d_1 = \sqrt{a/b_1}\,, \quad d_2 = \sqrt{a/b_2} \text{ usw.,} \quad d_n = \sqrt{a/b_n}\,.$$

Für ein zylindrisches Gefäß mit $h = 580$ mm, $d = 100$ mm und $h/d \cdot 100 = 580$, zu dessen Erstellung nach Abb. 126 sechs Ziehgänge erforderlich sind, ist $h \cdot d = a = 58\,000$. Nach Ermittlung der Geraden (Abb. 127), die im vorliegenden Fall mit der Geraden der maximalen Verhältnisse h_n/d_n (Abb. 126) zusammenfällt, erhält man die den einzelnen Ziehgängen entsprechenden Werte h_n/d_n und mit diesen aus den obigen Gleichungen die Werte für h_n und d_n, die mit den Werten der Abstufungszahlen in Tabelle 10 eingetragen sind.

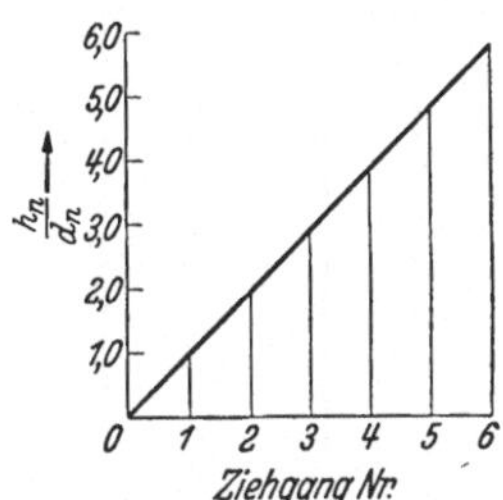

Abb. 127. Einteilung der Ziehstufen.

Die Werte, die BRASCH für die Abstufungszahlen m für Messingblech angibt (Tabelle 11), stimmen mit den Angaben von SCHULER, die als Mittelwerte zu betrachten sind, gut überein.

Tabelle 10.

Ziehgang	$\frac{h_n}{d_n}$	d_n mm	h_n mm	m %
0	0	580	0	0
1	0,95	249	234	50
2	1,95	173	336	70
3	2,90	142	410	82
4	3,90	122	475	86
5	4,85	109	530	89
6	5,80	100	580	91

Tabelle 11.

Ziehgang	Abstufungszahl $m = \frac{d_n}{d_0}\,100$	$m = \frac{d_n}{d_{n-1}}\,100$
1	45 ··· 54	45 ··· 54
2	64 ··· 74	64 ··· 74
3	54 ··· 61	82,5 ··· 84
4	43 ··· 52	85 ··· 80
5	40 ··· 46	88,5 ··· 93
6	37 ··· 41	89 ··· 93

Mindestens die Werte von Messing lassen sich auch mit Stahlblech erreichen, wenn das Phosphatierverfahren angewendet wird (s. Abschnitte 33 und 45).

Tabelle 12.

Ziehgang	Stempeldurchm. d_n mm	Matrizendurchm. d mm	Wandstärke s mm	Abnahme der Wandstärke mm	Abstufungszahl m %
0	90		0,35		
1	48	48,7	0,35		53
2	44	44,7	0,35		91
3	40	40,6	0,30	0,05	92
4	37,5	38	0,25	0,05	94
5	35,6	36	0,20	0,05	95

45. Abstufung beim Ziehen mit Blechschwächung. Das Ziehen eines Gefäßes aus 0,35 mm dickem Messingblech, dessen Wand genau zylindrisch werden und die bestimmte Dicke von 0,2 mm erhalten soll, ist ein Sonderfall. Das Gefäß Abb. 114, dessen Zuschnitt früher ermittelt wurde, ist mit den Stufen zu erstellen, die Tabelle 12 angibt. Daraus ist zu sehen, daß mit dem Beginn der Blechschwächung die Stufen sehr viel kleiner zu nehmen sind als beim Ziehen ohne Blechschwächung. Die Abstufungszahl hat ungefähr die Größe $m = 90$. Die Blechschwächung beträgt in einem Ziehgang 15···20% der Blechdicke.

Kaczmarek behandelt eine ähnliche Aufgabe für 4 mm dickes Stahlblech, beginnt aber mit der Blechschwächung schon beim ersten Zug. Als zulässige Blechschwächung gibt er 25% der Blechdicke für den Anschlag und 30% für die Weiterschläge an.

Auch die von Kaczmarek angegebenen Zahlen sind durch die Einführung des Phosphatierungsverfahrens überholt. Nach den Mitteilungen der Metallgesellschaft wurde beim Rohrziehen ohne Zwischenglühung eine Abnahme der Wanddicke um 69% erreicht, und es besteht kein Zweifel, daß diese Erfahrung auch auf das Gefäßziehen mit Blechschwächung weitgehend übertragen werden kann, da verformungstechnisch betrachtet keine Unterschiede vorhanden sind.

Tabelle 13.

Ziehgang	Stempeldurchm. d_n mm	Abstufungszahl m %
0	280	0
1	170	61
2	130	76
3	110	77
4	80	80
5	60	75
6	40	67
7	32	80 Formzug

46. Abstufung bei kegeligen Gefäßen. Als Ergänzung zur Zuschnittsermittlung (Abschn. 41, Abb. 115) sind in Tabelle 13 die Stufen angegeben, die zur Erstellung des kegeligen Hohlgefäßes der Abb. 115 aus 0,8 mm dickem Messingblech führen. Dabei ist aber nicht die seinerzeit ermittelte Scheibe vom Durchmesser $d_0 = 245$ mm zugrunde gelegt, sondern eine Scheibe vom Durchmesser $d_0 = 280$ mm, weil am fertigen Stück ein Flansch gewünscht wurde, der diesen Größenunterschied bedingt.

Der letzte Zug ist ein Formzug. Die Durchmesserabnahme ist nur noch gering, der Hauptzweck ist die Streckung der Stufen. Die Art der Vornahme ist eigentümlich für sämtliche Ziehgegenstände, die einen Formzug erfordern, denn das Blech wird, wenigstens in dem Teil, der schon in die Matrize gezogen wurde, durch den Formzug nur noch auf Dehnung beansprucht, so daß Falten auf keinen Fall mehr auftreten können. Die Beanspruchung des Blechs auf Dehnung muß aber immer innerhalb der erlaubten Grenzen bleiben und ist daher mitbestimmend für die Größe der Stufen.

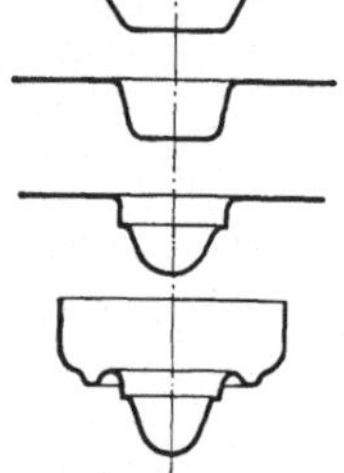

Abb. 128. Sonderform, die die Ausbildung des inneren Teils des Hohlgefäßes vor dem äußeren verlangt.

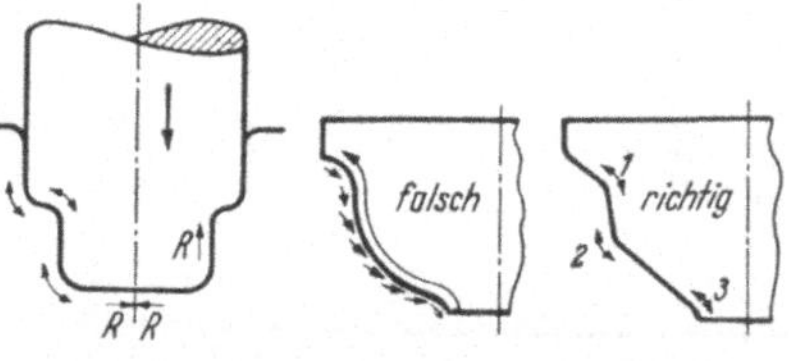

Abb. 129. Abb. 130.

Abb. 129 u. 130. Bei Ziehstufen die Übergänge richtig wählen. Reibungswiderstände klein halten. *RR* und Pfeile geben gefährdete Stellen an.

47. Die Abstufung unregelmäßig geformter Umdrehungskörper. Hierüber ist nur die schon erwähnte Arbeit von Hans Brasch vorhanden. In ihr kommt Brasch zu folgenden Ergebnissen [*4*]:

1. je verwickelter die Endform eines Ziehgegenstands ist, desto mehr Züge sind zu ihrer Ausbildung erforderlich,

2. von großem Vorteil ist es, die Endform in zwei Teile zu teilen, einen inneren und einen äußeren, und zuerst den inneren Teil und dann den äußeren Teil zu ziehen (Abb. 128),

3. den geringsten Gleitwiderstand bilden gerade, schräge und senkrechte Ziehflächen; Bauchungen dürfen erst zum Schluß ausgebildet werden (Abb. 129 und 130),

4. bei jedem Ziehgang ist so viel Werkstoff in die Matrize zu ziehen, wie die Ausbildung der weiteren Stufen erfordert, ein Zuwenig verursacht Risse, ein Zuviel dagegen Falten,

5. die Endform wird durch Fertigschlagwerkzeuge hergestellt, die die Bauchungen, Anstöße, Winkel, Kurven usw. ausbilden. Die Durchmesserabnahme in Fertigschlagwerkzeugen ist nur noch gering.

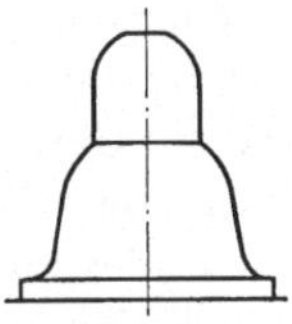

Abb. 131. Ziehbeispiel.

Die Auswertung der Untersuchungen ist in Abb. 126 zusammengefaßt. Sie gibt für die verschiedensten Gefäßformungen und Verhältnisse $h_n : d_n$ die erforderliche Zahl der Ziehgänge. Bei der Anwendung der Abb. 126 ist zu beachten, daß bei der Bestimmung des Verhältnisses $h_n : d_n$ eines gegebenen Gefäßes immer der kleinste Ziehdurchmesser, aber die Gesamthöhe genommen wird. Daher sei die Durchführung der Anwendung für das Gefäß der Abb. 131 gezeigt, obwohl sie im übrigen der für das zylindrische Gefäß entspricht.

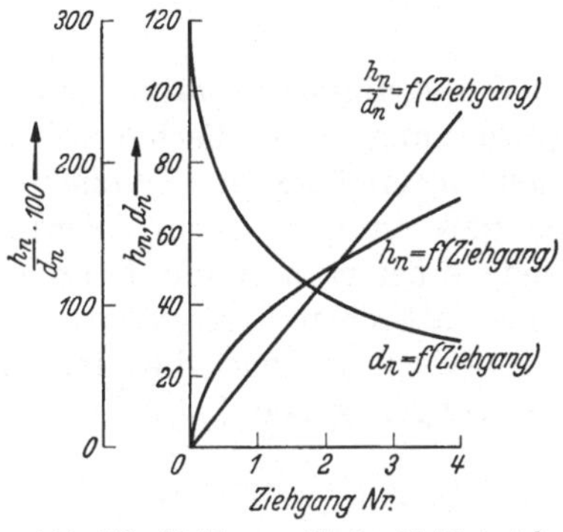

Abb. 132. Ziehkurven für das Ziehbeispiel Abb. 131 (f = Funktion).

Die Höhe ist $h = 70$ mm, der Durchmesser $d = 30$ mm, so daß $h/d \cdot 100 = 238$. Da das Gefäß 2 Anstöße hat, sind nach Abb. 126 zur Erstellung 4 Ziehgänge notwendig. Zunächst wird der Ziehscheibendurchmesser zu $d_0 = 118$ mm berechnet mit der Annahme, die Fläche der Ziehscheibe werde in 4 Zügen um 15% vergrößert. Dann wird die Stufungsgerade ermittelt (Abb. 132). Nach ihr ergeben sich für die Ziehgänge *1*, *2*, *3*, *4* die Verhältnisse $h_1/d_1 = 0{,}6$, $h_2/d_2 = 1{,}17$, $h_3/d_3 = 1{,}75$, $h_4/d_4 = 2{,}33$, und mit $d \cdot h = 2100$ mm² die Durchmesser $d_1 = 59$ mm, $d_2 = 42{,}4$ mm, $d_3 = 34{,}6$ mm, $d_4 = 30$ mm sowie die Höhen $h_1 = 35{,}5$ mm, $h_2 = 49{,}5$ mm, $h_3 = 60{,}5$ mm, $h_4 = 70$ mm. Die Werte sind in Abb. 132 eingetragen; die Kurven, durch die sie zu verbinden sind, zeigen die eigenartige Zungenform aller Ziehkurven

$$h_n/d_n = f \text{ (Zahl der Ziehgänge)},$$
$$h_n = f \text{ (Zahl der Ziehgänge)},$$
$$d_n = f \text{ (Zahl der Ziehgänge)}.$$

Bei den Werkzeugen werden die Durchmesser, wie früher besprochen, durch Schrägen von 45° ineinander übergeführt. Dadurch entstehen die Ziehstufen der Abb. 133.

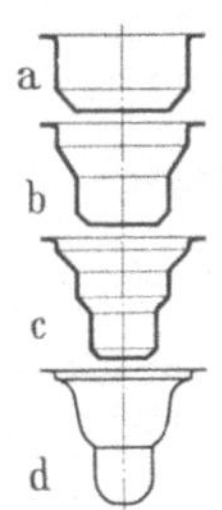

Abb. 133. Ziehstufen für das Ziehbeispiel Abb. 131.

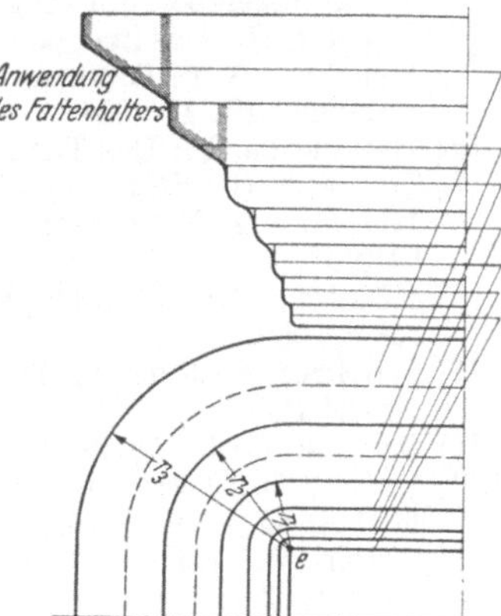

Abb. 134. Ziehstufen für rechteckige Hohlgefäße.

Die Berechnung der Ziehwerkzeuge nach Brasch ermöglicht eine einheitliche Behandlung aller Fälle und entspricht so durchaus auch wissenschaftlichen Anforderungen. Allerdings hat Brasch seine Untersuchungen auf Messingblech von der Dicke 0,5 ··· 0,6 mm beschränkt, so daß auch die Ergebnisse strenggenommen nur für dieses Blech gelten, doch ist eine sinngemäße Anwendung wohl auch für andere Dicken von Messingblech und selbst für andere Werkstoffe zulässig, wenn man die Stufungszahl dem fraglichen Werkstoff entsprechend größer, die Stufen also kleiner wählt.

48. Die Abstufung beliebig geformter Hohlkörper mit zwei Symmetrieachsen. Wie bei der Zuschnittsermittlung, so sind auch bei der Stufung diese Körper als solche zu betrachten, die aus Teilen von Umdrehungskörpern zusammengesetzt sind, für die die Stufung nach dem Vorausgegangenen leicht zu ermitteln ist. Maßgebend für die Gesamtzahl der Ziehgänge ist die größte Zahl der Ziehgänge, die zur Erstellung eines Teilkörpers erforderlich ist.

Im besonderen hat man es bei rechteckigen Hohlkörpern mit solchen zu tun, die aus Teilen von zylindrischen Umdrehungskörpern zusammengesetzt sind. Für die Zahl der Ziehgänge ist die Zahl bestimmend, die zur Erstellung des Zylinders mit dem kleinsten Durchmesser führt. Dieser entspricht den Ecken des rechteckigen Hohlkörpers, so daß sich als Abstufungsbild die Abb. 134 ergibt.

Schluß.

Der verfügbare Raum verbietet es, noch einen Abschnitt über die zweckmäßige Einrichtung eines Blechverarbeitungsbetriebes anzuschließen, mit dem die Betrachtungen über die Tiefziehtechnik abgerundet werden könnten und in dem die gute und notwendige Ordnung, Verwaltung und Betreuung der Ziehwerkzeuge erörtert und die Grundsätze aufgezeigt werden müßten, die zu einem wirtschaftlichen Fertigungsablauf führen. Es kann aber auf andere Arbeiten hingewiesen werden die sich mit diesen Aufgaben beschäftigen und wertvolle Anregungen geben [*25*].

Schrifttum.

[*1*] AREND, H.: Glühbehandlung nach Kaltformung. Ind. Anzeiger Nr. 17. 18/1952.

[*2*] BEISZWÄNGER, H.: Das Näpfchenzieh- und Prüfverfahren zur Bestimmung der Tiefzieheignung von Blechen und Bändern. Mitteilungen[1] Nr. 18. 19/1952.

[*3*] BEISZWÄNGER und SCHWANDT: Untersuchungen über den Einfluß der Werkzeugform auf die maximale Ziehkraft und das maximale Ziehverhältnis beim Weiterschlag runder zyl. Hohlgefäße. Mitteilungen Nr. 2. 3/1953.

[*4*] BRASCH, H.: Das Ziehen unregelmäßig geformter Hohlkörper. VDI-Verlag. 1925.

[*5*] DELLORI, A. u. REUTER, O.: Das Ziehen konischer Teile mit dem Wasserbeutel. Mitteilungen Nr. 17/1951.

[*6*] EISENKOLB, F.: Das Tiefziehblech. Berlin: Akad. Verl. Ges. 1951.

[*7*] HILBERT, H.: Stanztechnik I, II. München: Hanser-Verl. 1949.

[*8*] KACZMAREK, E.: Praktische Stanzerei I, II, III. Berlin/Göttingen/Heidelberg: Springer 1949/53.

[*9*] KÜHNER, O.: Hydraulische Pressen für spanlose Formgebung. Werkstatt u. Betrieb Nr. 8/1952.

[*10*] Mat.Prüf. Anst. der T. H. Stuttgart: Zur Theorie des Marform-Verfahrens. Mitteilungen. Nr. 25/1950.

[*11*] MÜLLER, E.: Hydraulische Pressen für Umformarbeiten. Werkst. T. u. Masch. B. Nr.8/1952.

[*12*] OECKL, O.: Fertigung großer und komplizierter Blechpreßteile mit einfachen Mitteln. Mitteilungen Nr. 18/1953.

[*13*] OECKL, O.: Eine neuartige Presse für die Blechumformung. Werkst. T. u. Masch. B. Nr. 4/1953.

[*14*] OEHLER, G.: Das Blech und seine Prüfung. Berlin/Göttingen/Heidelberg: Springer 1953.

[*15*] OEHLER, G.: Gestaltung gezogener Blechteile. Berlin/Göttingen/Heidelberg: Springer 1949.

[*16*] OETTINGER, H.: Zuschnittsermittlung elliptischer Ziehteile nach dem Radien-Schichtlinienverfahren. Mitteilungen Nr. 15/1952.

[*17*] PLEINES, E. W.: Das Umformen von Blech mittels Gummi. — Erfahrungen beim Gummipressen und -Schneiden. Werkst. T. u. Masch.B. Nr. 11. 12. 1950.

[1] Mitteilungen = Mitteilungen der Forschungsgesellschaft Blechbearbeitung EV. Düsseldorf.

[18] RICHTER, F.: Zinklegierungen für Stanz- u. Prägeformen. Ind. Anzeiger Nr. 92/1950.
[19] SELLIN, WALTER: Handbuch der Ziehtechnik. Berlin: Springer-Verlag 1931.
[20] SELLIN, WALTER: Stanztechnik, IV. Teil. Berlin/Göttingen/Heidelberg: Springer 1949.
[21] SIEBEL, E.: Grundlagen und Begriffe der bildsamen Formgebung. Werkst. T. u. Masch. B. Nr. 11/1953.
[22] SIEBEL, E.: Grenzen der Verformbarkeit. Mitteilungen. Nr. 16/1952.
[23] SIEBEL, E.: Über die Faltenbildung beim Tiefziehen. Mitteilungen Nr. 4/1953.
[24] SIEBEL, E.: Probleme der Blechumformung. Mitteilungen. Nr. 10/1953.
[25] Werkstattbücher: Heft 44, KRABBE, E., Stanztechnik I. — Heft 106, PAUL, I., Der Aufgabenkreis des Betriebsingenieurs. — Hefte 99 und 100: PRISTL, F., Arbeitsvorbereitung I und II.

721/39/54

Einteilung der bisher erschienenen Hefte nach Fachgebieten (Fortsetzung)

(Fortsetzung 4. Umschlagseite)